BusinessVillage

Stefan Häseli

BEST PRACTICE LEADERSHIT

Absurde Wahrheiten aus den Chefetagen

BusinessVillage

Stefan Häseli
Best Practice Leadershit
Absurde Wahrheiten aus den Chefetagen
1. Auflage 2019
©BusinessVillage GmbH, Göttingen

Bestellnummern
ISBN 978-3-86980-454-5 (Druckausgabe)
ISBN 978-3-86980-455-2 (E-Book, PDF)

Direktbezug unter www.businessvillage.de/bl/1060

Bezugs- und Verlagsanschrift
BusinessVillage GmbH
Reinhäuser Landstraße 22
37083 Göttingen
Telefon: +49 (0)551 2099-100
Fax: +49 (0)551 2099-105
E-Mail: info@businessvillage.de
Web: www.businessvillage.de

Layout und Satz Sabine Kempke

Hintergrund des Umschlags ©geralt, https://pixabay.com/de

Illustrationen im Buch Johannes Lott, www.johanneslott.com

Druck und Bindung www.booksfactory.com

Inhalt

Über den Autor

Stefan Häseli regt als internationaler Speaker dazu an, wirkungsvolle Kommunikation im Alltag mit Spaß zu erleben. Der Fünf-Sterne-Redner ist Mitglied des renommierten Club55 und dazu Autor zahlreicher Bücher und Kolumnen.

Als Business-Comedian präsentiert er die vielfältigen Absurditäten und komischen Seiten aus und auf den Management-Etagen mit feinsinnigem Humor.

Kontakt:

Web: stefan-haeseli.com
E-Mail: mail@stefan-haeseli.com

Vorwort

Wenn eine Du-Kultur per Dekret und Übergangsfrist angeordnet werden muss, wenn ein Velo-Parkplatz mit Brimborium eingeweiht wird, wenn sich Ü50-Manager im Triathlon gegenseitig überbieten, wenn Führungskräfte nur noch mit englischen Begriffen um sich werfen, dann finde ich das äußerst amüsant. Es sind die Absurditäten des Alltags, die bei Licht betrachtet wenig logisch sind. Oft denke ich in solchen Momenten »Ja, das gibt's doch nicht« und möchte den Menschen in den Unternehmen einfach nur zurufen: »Stopp!«

Auf der anderen Seite sind es genau diese Prozesse und Verhaltensnormen, die der Nährboden für die Geschichten dieses Buches waren. Hannes, den Hauptdarsteller, lasse ich so einiges erleben und erleiden. Aber es sind tatsächlich alles Geschichten und Begebenheiten aus dem wahren Leben, die ich über eine lange Zeit hinweg gesammelt habe. Die Zeit ist reif, genau jetzt daraus ein Buch zu machen.

Seit zwanzig Jahren berate ich Unternehmen, trainiere Menschen in verschiedenen Branchen und halte Vorträge vor Managern. Der Einblick in multinationale Konzerne hat mir immer wieder gezeigt, welche Themen die Menschen tatsächlich bewegen. Ich sehe es übrigens als Privileg, als Außenstehender, der tageweise zu Gast in einer Organisation sein darf, bestimmte Dinge zu sehen, die Insidern völlig normal erscheinen. Das meiste davon ist nicht betriebsspezifisch, sondern eher typisch Großunternehmen, typisch Manager oder typisch Mitarbeiter. Das bringt mich zum Schmunzeln, zum Lachen und manchmal eben auch zum Nachdenken.

Schon früher waren Geschichten nicht nur dazu da, um zu unterhalten und unterhalten zu werden. Von Geschichten konnte man lernen – gerade, wenn Menschen von etwas erzählten, von dem sie Ahnung hatten. Ein wahrer Erfahrungsschatz! Noch heute erklären Märchen Kindern die Welt – gut wie böse – und Fabeln enden oft mit ... der Moral von der Geschicht'. Dabei gibt es die eine, einzig wahre, für immer und ewig geltende Moral nicht – weder im Märchen, noch in den Hannes-Geschichten dieses Buches.

Und so ist es auch gar nicht gedacht: Weder belehrend noch besserwisserisch soll es daherkommen, weder jemanden verunglimpfen noch vor den Kopf stoßen ... obwohl: Ein wenig aufrütteln sollen sie schon, die alltäglichen und absurden Geschehnisse, die man sich so von der Teppich-Etage erzählt und erzählt bekommt. Vor allem aber eines möchte ich mit meinem Buch erreichen: Leicht soll sie sein, die Lektüre, sodass man das Buch auch nach einem anstrengenden Tag im Büro gerne noch einmal zur Hand nimmt und schmunzelt, weil man sich und andere wiedererkennt. Und man mit dem Zuklappen des Buchdeckels vielleicht auch so manchen Kram und manchen Gram, die einen an diesem Tag gebeugt haben, friedlich abschließen kann.

Das Buch ist für alle Menschen in den unzähligen Büros, die den alltäglichen Management-, Führungs- und Kommunikationswahnsinn selbst miterleben. Darüber zu lachen, ist persönliche Therapie und zwischenmenschliche Beziehungspflege in einem. Beides sorgt für Begeisterung, Motivation und persönliche Zufriedenheit. Von all diesem wünsche ich Ihnen eine ganze Menge!

Ihr Stefan Häsel

Einleitung

Führungskräfte haben es nicht leicht. Zwischen den Stühlen sitzend, versuchen sie das Beste aus der Situation zu machen. »Die da oben« wollen ebenso wie »die da unten« immer etwas von einem, allzu oft sogar völlig verschiedene Dinge. Es gilt, den Wandel zu gestalten – schließlich leben wir in disruptiven Zeiten! Dabei haben die Steuermänner und -frauen längst nicht mehr alles im Griff.

Gute Planung führt zur Zielerreichung? Das war einmal! Die steigende Komplexität fordert ein schnelles Erkennen von Zusammenhängen und ebenso rasches Handeln. Und dabei sollen auch noch wirksame Entscheidungen getroffen werden.

Eine klare Kommunikation, ein kollegialer Führungsstil, statt Kontrollinstanz soll die Führungskraft Impulsgeber sein, soll dienen statt zu dirigieren, Wertschätzung zeigen und mit Ergebnissen aufwarten …

Sprüche wie »Man muss nicht verrückt sein, um hier zu arbeiten. Aber es hilft ungemein.« haben ihre Daseinsberechtigung in den Büros landauf und landab. Heute mehr denn je! Aber es hat ja auch keiner behauptet, Büro wäre ein Ponyhof!

»Best Practice Leadershit« ist eine Geschichtenserie mit feinsinniger Satire. Im Buch spiegeln sich die Absurditäten des Alltags auf der Chefetage wieder. Ob rigoroses Sparprogramm als große Innovation deklariert, ein Leitbild-Konfigurator für den schnellen Erfolg oder wie krude Marketing-Ideen entstehen … das alles gehört in ein fiktives Ausbildungsprogramm für Führungskräfte – solche, die es schon sind, solche, die es gerne werden wollen oder solche, die nie dort ankommen.

Zugegeben, im Business spielen Umsatz und Wachstum eine große Rolle. Und wir Menschen, zumindest die meisten von uns, müssen Geld verdienen. Dementsprechend hart ist oft die Realität in den Unternehmen und von den Menschen wird im Arbeitsalltag viel gefordert. Trotzdem dürfen Menschlichkeit und Spaß niemals verloren gehen. Ich persönlich ziehe den Hut vor Mitarbeitern und Führungskräften, vor Managern und Unternehmenslenkern, vor Angestellten und Selbstständigen, vor Firmenchefs und allen anderen Künstlern, die jeden Tag ihre ganze Kraft für den gemeinsamen Erfolg einsetzen. Wenn es gelingt, dass es alle gut miteinander haben, dann ist viel erreicht.

Die Geschichten von und mit Hannes zeigen auf amüsante Weise auf, was im Moment gerade in den Management-Büros angedacht wird (... von durchdenken redet eh schon lange niemand mehr) oder wie jeder Blödsinn den Mitarbeitern so verkauft wird, dass sie glauben, sie hätten großes Glück mit ihren Chefinnen und Chefs. Von Werten bis Wahnsinn, von Themen bis Trends, von Beruf bis Berufung, von Leadership bis Leadershit.

Ich stelle vor: Hannes, 49, studierter Betriebswirt, Produktionsleiter und Mitglied der Geschäftsleitung eines internationalen Industriekonzerns.

Authentizität, Skills, Karriere: Hannes führt sich selbst

1 Die Konkurrenz schläft nicht: Ab heute mache ich Sport!

Hannes macht sich Sorgen. Soeben wurde ein Geschäftsleitungsmitglied gewählt, das um einige Jahre jünger ist als er. Wenn er sich morgens im Spiegel betrachtet, ist nicht mehr zu leugnen, dass er sich allmählich dem fünfzigsten Jahrestag seiner Geburtsstunde nähert. Falten kann man weglächeln, Haare notfalls mit Farbe abdunkeln, aber der stetig wachsende Umfang knapp oberhalb der Gürtellinie ist nicht mehr wegzudiskutieren. Nach der Lektüre eines einschlägigen Fachartikels zur Midlife-Crisis ist für Hannes klar: Bevor er da hineinschlittert, gilt es, wirksame und nachhaltige Gegenmaßnahmen zu entwickeln.

Der Entschluss

Stundenlang konsultiert er Ratgeber und Blogs im Internet. Dann beschließt er, Sport zu treiben. Das sei gut für die psychische und physische Gesundheit. Nun gilt es, nach der geeigneten Sportart zu suchen. Nach weiteren Recherchen in Men's-Health- und Life-Style-Magazinen kommt Hannes zu dem Entschluss: Er wird Biker! Nicht einfach profan Radfahren, nein, das ist für Touristen im Flachland. Hannes entscheidet sich für sportliches Fahrradfahren. Schließlich ist Biken *der* Sport für den modernen Mann!

Die Zielsetzungsphase

Als Manager weiß Hannes, dass kein Projekt ohne Ziele auskommt. »Ziele sind nicht zu bescheiden anzusetzen«, ist Hannes Erfahrung aus seiner Arbeitspraxis. Und was sich da bewährt, soll auch für sein Bike-Projekt recht sein. Für ihn ist klar, dass er auch hier ambitiöse Zielgrößen anstreben will. Beispielsweise wird jährlich der Alpen-Bikeathlon ausgetragen, der die Fitten von den Topfitten trennt. In fünf Tagen quer durch die Schweizer Berge und kumuliert mit ein paar Tausend Höhenmetern. Das ist eine Ansage und Herausforderung zugleich. Um noch einen Tick konkreter zu werden, plant Hannes die Teilnahme am Alpen-Bikeathlon im nächsten Sommer und strebt das erste Viertel der Rangliste an.

Die Planungsphase

Ein solides Projekt muss sauber geplant sein. Hier Zeit und Geld zu sparen, wäre falsch. Zuerst geht es um die Materialbeschaffung. Hannes fährt von Fachhändler zu Fachhändler, lässt sich über die Beschaffenheit von Rahmenmaterial, Übersetzungstechnik sowie Feinheiten in den Bremssystemen von modernen Bikes beraten und fährt ungefähr zehn Modelle zur Probe. Er entschließt sich schließlich für einen Roadrunner Ultimate mit Carbon-Rahmen und High-End-Bremssystem. Das passende Outfit darf auch nicht fehlen. Mit der Turnhose aus dem Studium und einem alten Werbe-T-Shirt aus den Neunzigern ist kein Staat mehr zu machen. So ersteht er im Fachgeschäft gleich noch einen Renndress Bike-Passion mit integriertem Lüftungssystem in modischen Farben. Die DVD »Effizienz im Pedaldruck« zeigt Hannes auf seinem PC eindrücklich, welche Bewegungsabläufe er im Detail verinnerlichen soll.

Die flankierenden Marketing-Maßnahmen

Im Grunde ist Hannes bewusst, dass er den Sport für sich und seine Gesundheit treibt. Aber wie in jedem Bereich, geht es auch im Sport nicht nur darum, Gutes zu tun, sondern auch, darüber zu reden. Das Umfeld soll wahrnehmen, dass man(n) nun ein Sportler ist. Er schraubt sich schon mal den Fahrradträger auf das Autodach. Selbstverständlich nicht ein Billig-Modell aus dem Baumarkt, sondern richtige Qualitätsware. Dieser Träger bleibt auf dem Dach, damit in der Tiefgarage seines Unternehmens jeder kapiert, dass Hannes derart intensiv am Biken ist, dass es sich nicht lohnt, den Träger jeweils abzumontieren. Dazu scheint absolut wichtig, dass er in den gemeinsamen Pausen die Kollegen in sein Vorhaben einweiht. Und natürlich by-the-way auch mal einen PC-Ausdruck über XXL-Bike-Touren im Drucker liegen lässt. Er freut sich schon, wenn er im Großraumbüro auf die Frage »Wem gehört dieser Ausdruck?« ... »Mir!« antworten kann. Nun, Marketing ist nicht alles – aber ohne Marketing ist alles nichts.

Die Umsetzung

Nach einer wochenlangen Zielsetzungs- und Planungsphase ist endlich der Zeitpunkt da, sein Bike inklusive der ganzen Ausrüstung einem Feldtest zu unterziehen. Hannes stemmt das Bike aufs Auto, zieht sich den figurbetonten Renndress an und fährt aufs Land. Kaum hat er am Waldrand geparkt, nähert sich ein bellender, scharfer Hund mit Spaziergänger im Schlepptau. Der Köter blickt, als ob er denken würde: »Ah, wieder ein Biker, tolle Waden, freu mich aufs Reinbeißen.« Hannes bleibt im Auto sitzen. Die Aussicht auf ein näheres Treffen mit dem Hund gefällt ihm gar nicht. Dieses Szenarium hat er nicht durchdacht. Er bricht die Übung sofort ab und fährt nach Hause, um einen Internetartikel über »das friedliche Zusammenleben von Hunden und Bikern« zu suchen. Er ist froh, diese Planungslücke noch zu schließen und meint tröstlich: »Gerade bei solch wichtigen Projekten muss man wirklich nichts überstürzen«.

2 Wie man sich bildet, so führt man …

Montagmorgen acht Uhr, noch bleibt eine Stunde bis zur Geschäftsleitungssitzung. Hannes hat seine Tagesordnungspunkte vorbereitet. Mitarbeiter sind keine ausgefallen, im Betrieb läuft alles. Eine gewonnene Stunde. Einzig eine alte unerledigte Angelegenheit wartet noch auf Erledigung. Bis Ende des Monats muss Hannes der HR-Abteilung seine Weiterbildungsbedürfnisse mitteilen. Als Führungskraft hat er Anrecht auf fünf Tage Weiterbildung aus dem hauseigenen Seminarprogramm. »Anrecht« ist natürlich nur die offizielle Formulierung, in Wirklichkeit steht »Erwartung« subtil zwischen den Zeilen.

Der Seminarkatalog

Hannes käme ohne Weiterbildung aus, aber imagetechnisch geht das nicht. Bucht er nur vier, statt der erlaubten fünf Tage, werden Fragen laut. Gar nichts zu buchen, geht erst recht nicht. Also nutzt Hannes heute die Zeit, um sich im Katalog schlau zu machen. Er blättert durch die Kategorien: »Management«, »Kommunikation«, »Persönlichkeitsentwicklung«, »Verkauf«, »Prozesse und Abläufe«, »Software-Kurse«, »Führung«. Von vorn nach hinten, wieder nach vorn, dann blättert er zu den Themen, die ihn interessieren. Nichts überzeugt ihn. Er beschließt, zunächst eine Anforderungsliste zu erstellen und dann das passende Seminar zu suchen.

Die Auswahlkriterien

In einer Excel-Arbeitsmappe gliedert Hannes die Kriterien unter den Überschriften »Must«, »Wichtig«, »nice-to-have« und »unter keinen Umständen«. »Das macht Sinn«, denkt Hannes und spürt, wie gut ihm klare Strukturen tun, gerade wenn es darum geht, zentrale Entscheidungen zu fällen. Er schreibt seine Gedanken in einem Brainstorming-Prozess auf, bevor er sie in die passende Spalte »Kriterien« in der Tabelle überträgt.

Der wichtigste Punkt: Unter keinen Umständen darf das Seminar den bereits gebuchten Urlaub tangieren. Ebenfalls ungünstig sind die Wochen, in denen sein Stellvertreter abwesend ist. Ideal sind somit Zeiträume, in denen ein Feiertag liegt. Montag bis Mittwoch vor Christi Himmelfahrt wäre optimal. Nimmt er noch den Freitag als Zeitausgleichstag frei, ist die Woche verbucht und er kann richtig abschalten. Schließlich muss ein Seminar auch das Abschalten beinhalten. Das lenkt seine Gedanken auf ein bisher von ihm zu Unrecht vernachlässigtes Kriterium: das Hotel. Ein schönes Hotel mit Wellnessbereich, nicht gerade in der näheren Umgebung, aber auch nicht zu weit weg wäre ideal. Die Heimreise soll schließlich nicht zu lange dauern. Die äußeren Bedingungen sind damit skizziert.

Inhaltlich ist Hannes offen für Neues. Zwar kennt er eigentlich schon alles, aber etwas Auffrischung tut immer gut. Er überlegt, welche Kriterien er einsetzen möchte und kommt auf keinen grünen Zweig. Die Excel-Entscheidungshilfe scheint doch nicht zu klappen.

Die Entscheidungsfindung

Kurzerhand verknüpft er seine beiden Entscheidungsfindungswege miteinander (das hat er in einem Seminar gelernt). Er blättert den Katalog durch und setzt in die Tabelle die Vor- und Nachteile jener Kurse, die ihn am ehesten ansprechen. Hannes ist stolz. So verbindet er Emotionales mit Rationalem. Die Impulse aus dem Katalog mit der Erweiterung der eigenen Gedanken. Denken und Schreiben, farbige Hochglanzbroschüre mit profan-frugaler Excel-Tabelle. Links der Tastatur der Katalog, die Hände bereit, um die Entscheidungskriterien einzugeben.

»Anspruchsvolle Mitarbeitergespräche führen« könnte er im Moment gut gebrauchen. »Allerdings«, schießt es Hannes durch den Kopf, »riecht das nach Rollenspiel mit Videoaufnahmen«. Den Nutzen davon sieht er durchaus ein, aber so stark exponieren möchte er sich doch nicht. Er soll ja nicht bloß etwas lernen, sondern auch bei den anderen Kursteilnehmern Eindruck schinden. Also scheidet dieses Seminar aus. Und Hannes hat ein weiteres Kriterium: keine völlig neuen Themen. Am besten wählt er ein Seminar, das er schon besucht hat. Dort kann er am Einfachsten zeigen, was er drauf hat. Image ist wichtig.

Gegen den Kurs »Führungskreislauf in der Wirtschaftskrise« spricht, dass wahrscheinlich Kollegen dabei sind. Ein Seminar ist nicht nur eine persönliche Entspannungs- und Imageveranstaltung, sondern auch eine Netzwerkparty. Der Seminarort überzeugt ihn ebenfalls nicht. Ein Golf-Hotel – da kann sich Hannes nur blamieren.

Im Grunde täte Hannes der Kurs »Präsentationstechnik« gut. Zugegeben, auch da gibt es Rollenspiele, aber darauf könnte man sich ja eventuell vorbereiten. Wäre da nicht das Problem: Macht er die Vorbereitungsaufgaben, wird er wohl fast der einzige sein, der sie gemacht hat. Macht er sie nicht, hat er ein Imageproblem. Außerdem wird im Seminar sowieso alles noch einmal wiederholt.

In der Rubrik »Persönlichkeitsentwicklung« findet Hannes das Seminar »Selbstmanagement«: 3 + 1 Tag. Das gibt immerhin vier Tage. Das Hotel passt, Rollenspiele gibt es keine. Imagemäßig lassen sich hier tolle Geschichten erzählen und die anderen Teilnehmer damit beeindrucken. Gleichwohl kann er im Geheimen viel mitnehmen. Und nirgends kann man Unvermögen und Verbesserungspotenzial so geschickt verstecken.

Das Seminartrauma

Ein Blick noch auf den Kursleiter. Och, das ist doch derjenige, der die meisten Seminare im Unternehmen anbietet. Immer das gleiche Ritual: Die ersten zwei Stunden Vorstellungsrunde mit Partnerinterview, dann die Erwartungen auf Karten schreiben, diese an die Pinnwand heften und nie wieder darauf zurückkommen. Auf Fragen wie »Was mache ich gegen zu viele E-Mails pro Tag?« gibt's keine Antworten, sondern eine Gegenfrage: »Was denkst du, dass du tun kannst?« Er erinnert sich an eine Situation in seinem letzten Seminar. In einer Feedbackrunde äußerte Hannes, dass er gerne Antworten auf seine Fragen hätte, nicht eine neue Frage. Das Feedback zu seinem Feedback kam prompt: »Hannes, spürst du den Rebell in dir? Was geschieht in diesem Moment in dir drin?« Worauf Hannes Reaktion war: »Ich spüre nichts, mich nervt das einfach.«

Die Diskussion lief eine Weile weiter. Denn die Gegenreaktion war nicht direkt, sondern wurde zum Kursthema stilisiert. »Erkennt ihr das rebellische Kindheits-Ich aus der Transaktionsanalyse?« Geht noch einmal in die Gruppen und überlegt euch in den nächsten sechzig Minuten, welcher Gegenpart aus der Transaktionsanalyse oder dem Neurolinguistischen Programmieren geeignet wäre, einen erwachsenen Menschen aus dem rebellischen Kindheits-Ich ins ausgeglichene Erwachsenen-Ich zu bringen, ohne ihn mit seinen Defiziten paradox zu konfrontieren.« Dieser Kurs ist also auch nichts.

Das Image und das Budget

Der nächste Workshop mit dem Titel »Selfmarketing« ist nicht nur zeitgemäß, sondern triggert sogar Hannes Bedürfnis nach Anerkennung an. Hannes ist einer Entscheidung nahe. »Allerdings«, durchzuckt ihn der Gedanke, »was glauben wohl die Kollegen, wenn er sich gerade für dieses Seminar anmeldet?« Signalisiert die Anmeldung zu einem derartigen Seminar nicht das Eingeständnis eines persönlichen Defizits? Und bedeutet ein bewusster Verzicht auf ein Selbstmarketing-Seminar nicht mehr und nicht weniger, als das er diese Disziplin bereits beherrscht und deshalb hier keine Weiterbildung benötigt?

Hannes Gedanken drehen im Kreis. Auch zeitlich wird es langsam eng. Noch fünfzehn Minuten bis zur Sitzung. Am liebsten würde er dem Kollegen aus der HR gleich die Anmeldung mitgeben. Auch aus Image-Gründen, denn er wäre der erste aus dem Kreise der Geschäftsleitung, der sich für einen Kurs entschieden hätte. Hannes könnte sich dann einmal mehr subtil als »Macher und Entscheider« positionieren.

Dazu würde passen, wenn er sich für den Workshop »Entscheiden – schnell und richtig« anmelden würde. Das zeigt, dass ihm das Thema Entscheidungen wichtig ist. Und die Tatsache, die Anmeldung als erster abzugeben, verdeutlicht, dass er auf höchstem Niveau Fortschritte machen möchte. Das macht Eindruck und verleiht Respekt.

Noch drei Minuten. Hannes spurtet in das Meeting der Geschäftsleitung. Beim Punkt »Weiterbildung für das Management« greift Hannes freudig zu seinem ausgefüllten Formular. Doch alles kommt anders! Der CEO gibt dem HR-Leiter das Wort: »Liebe Kolleginnen und Kollegen. Leider wurde aus finanziellen Gründen das Weiterbildungsbudget für die Kaderstufen eins bis drei bis auf Weiteres gestrichen.« – Und wer bezahlt Hannes nun seine Stunde heute Morgen von acht bis neun Uhr für die Auswahl seines Weiterbildungsbedarfes?

3 Die Sache mit den Gefühlen

Hannes brütet. Er muss ein Konzept zur »Messbarkeit von Soft Skills und sozialen Zielen« erstellen. Es ist ein Auftrag der Geschäftsleitung, der auch privaten Nutzen zu bringen scheint. Wie oft musste er schon seiner Frau erklären, dass er durchaus Gefühle habe, sie aber vielleicht nicht immer zeigen könne?

Die Sache mit der Skalierung

Das Thema Messbarkeit kennt Hannes schon aus Personalzufriedenheitsmessungen. Mit einer Skala von 1 bis 10 beantwortet man dort Fragen wie »Wie wohl fühlen Sie sich an Ihrem Arbeitsplatz?« Aber ob die Aussagen auch vergleichbar sind? Jeder hat wohl andere Maßstäbe. Für den einen ist eine 8 hoch, für den anderen ist 6 hingegen nicht etwa Mittelmaß, sondern Ausdruck voller Zufriedenheit und damit ebenfalls hoch. Hannes merkt, die Sache ist doch kniffliger als gedacht.

»Manchmal hilft eine Pause«, denkt er und geht für's Mittagessen zum nahegelegenen Italiener. »Eine feine Pizza« und ein halber Liter Montepulciano – das kann nur anregen, wenn es um Gefühle geht.

Lorenzo empfängt ihn herzlich: »Ciao Amico, come stai? Tutto bene? Eine schöne Platz für unsere Scheffe?« »Gerne«, antwortet Hannes und blättert hungrig durch die einhundertfünfzig Pizzavarianten und einhundertvierzig Pastagerichte.

Nach drei Minuten erscheint Lorenzo wieder »Haben Sie schon finden?« Hannes hat noch keine Ahnung. Aber als Führungskraft mehr als drei Minuten für die Menüwahl zu verschwenden: Das wirkt ja wie Entscheidungsschwäche und blamieren möchte er sich nicht.

»Ich nehme Pizza Prosciutto mit einer Zusatzportion Pilze, voraus einen kleinen Salat, Wasser und einen halben Liter Montepulciano.« Lorenzo schaut ihn entgeistert an: »Sie mir sagen Numero bei die Essen, sonst kann ich nicht eintragen in Bestellung.«

Leicht enerviert formuliert Hannes sein Bedürfnis in chiffrierter Form. »Ich möchte Pizza 141 mit einer Extraportion 9, voraus 53 mit Soße Nummer 3. Als Getränk bringen Sie mir 14 und einen halben Liter 311.« »Perfetto così, ich bringen gleich«, erwidert der charmante Kellner.

Die Erkenntnis nach dem Rotwein

Nach dem genossenen Mahl geht's ans Zahlen. Lorenzo steht mit neuem Mini-Touch-Gerät und Eingabestift vor ihm. Hannes, nicht ohne Stolz, rezitiert seine Konsumation. »Ich hatte 141 inklusive 9 dazu 53 mit 3, 311 und 14.« Mindestens so zufrieden lässt Lorenzo in sportlichem Staccato seinen Stift über das Gerät tanzen. Das macht 19,90 Euro. Hannes legt einen 20 Euro-Schein hin und schenkt ihm die 10 Cent. 10 Cent für die durchschlagende Idee. Mit triumphierender Miene kehrt Hannes ins Büro zurück und setzt sich voller Tatendrang und beseelt vom Rotwein an das noch immer leere Word-Dokument.

Das gereifte Konzept

Hannes nimmt die Skalierung von Gefühlszielen auf, geht aber tiefer. »Sich wohlfühlen« soll mit klar messbaren Parametern nachgewiesen werden. Er findet dazu in einer Ärztezeitschrift einen Artikel: Der Wohlfühl-Koeffizient zeigt sich unter anderem in einem idealen Blutdruck. Er will dies mit Angaben über Atemfrequenz, Körpertemperatur und Adrenalinspiegel verbinden.

Sich wohlfühlen heißt: Blutdruck 120/80 mmHg, rund zwanzig Atemzüge pro Minute und Adrenalin bis höchstens 110 nmol/ Tag. Gleichzeitig darf die Körpertemperatur weder tiefer als 36,3 noch höher als 37,4 sein. Hannes hat das Konzept gefunden. Ein ärztlicher Kurzcheck macht das Gefühl »Ich fühle mich wohl« messbar.

Die sofortige Umsetzung

Hannes schreibt und schreibt, die Gedanken fließen nur so ins Dokument. Das reißt ihn ein Anruf aus der Arbeit. Seine Frau. »Wo bleibst du?« »Im Büro«. »Was glaubst du, wie ich mich fühle, wenn ich stundenlang zu Hause auf dich warte?« »Wie du dich fühlst? Vielleicht auf einer Skala irgendwo zwischen 2 und 8?

»Wenn du mir deine Körpertemperatur durchgibst, kann ich deine Frage viel genauer beantworten«, gibt Hannes gut gemeint und mit etwas Stolz zurück. »Vergiss es! Bleib wo du bist – ich gehe mit Jacqueline weg. Ich brauche heute einen heißen Abend.« Damit hängt sie den Hörer auf.

Nun ja, das Konzept ist ja nur fürs Büro gedacht …

4 Unerreichte Effizienz bei der Terminplanung

Hannes brütet über einem Konzept für die Neuorganisation der Materiallogistik. Normaler Büroalltag. Das Telefon klingelt. Laut Nummernerkennung ist es weder ein Kunde noch ein Mitarbeiter. Es könnte ein Coach sein, der seine Auftragsbücher noch füllen muss oder eine Büroartikelfirma, die versehentlich durch die Maschen der Sekretärin gerutscht ist und ihm ganz persönlich zehn Toner für seinen lokalen Drucker verkaufen will. Oder zumindest einen Zentner Papiervorrat.

Ob dieser Gedanken leicht genervt, presst Hannes seinen Namen mit einem unterkühlten »Was-kann-ich-für-Sie-tun?« in den Telefonhörer.

Aber nein, das ist ja Sebastian, sein alter Schulkollege! Er arbeitet neu als Distribution Manager bei einem Lieferanten und wollte sich nach der letzten Lieferung erkundigen, die nicht so ganz geklappt hat. Der Anruf ist eine freudige Überraschung.

S: *»Hallo Hannes, bist es wirklich du?«*
H: *»Sebastian, du alter Räuber. Das gibt's doch nicht!«*
S: *»Doch doch, scheint einiges gegangen zu sein bei dir.«*
H: *»Ach ja, ich sitze hier in der Geschäftsführung, es macht Spaß. Und was machst du?«*
S: *»Habe auch eine tolle Arbeit, ich leite die Qualitätssicherungsabteilung beim Maschinenkonzern, der euch die beste Ware liefert, wenn sie dann endlich kommt …« Beide prusten vergnügt in den Telefonhörer.*
H: *»Haben uns schon lange nicht mehr gesehen.«*
S: *»Ja, wir könnten wieder mal auf ein Bier gehen.«*
H: *»Sollen wir gleich einen Termin abmachen?«*

S: *»Sicher, ich hol kurz mein Smartphone.« Auch Hannes öffnet den Terminplaner in seinem Computer. »Februar und März sind nicht gerade günstig, ich bin in einem Riesenprojekt, April wäre besser«, schlägt Sebastian vor.*

H: *»Ui, April ist ungünstig, da ist Ostern und anschließend bin ich bis Juli in Auszeit.«*

S: *»Also danach: Ich bin Juli noch in Palma, aber ab August finden wir sicher einen Termin.«*

H: *»August ist gut. Die neue Produktion geht erst am 20. los. Vorher ist eine intensive Planungsphase, aber am 18. oder 19. Würde es mir gut passen.«*

S: *»Och nein, vom 16. bis 19. bin ich in Stockholm.«*

H: *»Stockholm ist schön, ich bin Mitte Oktober dort. Wie sieht es denn im September aus?«*

S: *»Lass mal schauen – ach nein, September geht leider gar nicht. Ich heirate und da weiß man ja nie, was es vorher noch zu tun gibt.«*

H: *»Das verstehe ich, das blockiert natürlich die Termine.«*

S: *»Aber hör mal Hannes, ich habe eine Idee: Wir könnten uns an meiner Hochzeit etwas früher treffen. Du bist ja sicher dabei.«*

H: *»Wann heiratest du?«*

S: *»Am 10. September um zehn Uhr. Wir könnten uns um neun Uhr treffen.«*

H: *»Das ist gebucht.«*

S: *»Tipptopp, die Terminsuche ging ja fix.«*

H: *»Deine Entscheidungsfreudigkeit und Spontaneität haben mir schon immer gefallen.«*

S: *Sebastian lacht: »Ist doch klar.«*

H: *»Und wenn etwas dazwischenkommt?«, gibt Hannes noch zu bedenken.*

S: *»Wir tauschen noch unsere Handy-Nummern aus – für alle Fälle.«*

H: *»Klar doch – also, bis bald.«*

S: *»Freu mich sehr, dass die Verabredung so kurzfristig klappt.«*

H: *»Die Lieferschwierigkeiten deiner Maschinenteile können wir dann gleich auch besprechen, ich nehme die Unterlagen mit.«*

S: *»Das machen wir so. Deine Effizienz ist noch immer unerreicht. Bis dann.«*

H: *»Tschüss.«*

5 Die Strategie des Sonnenkönigs: Das Karnevalsprojekt

Hannes ist mit seinen rund fünf Lebensjahrzehnten unterdessen eindeutig der älteren Hälfte der Geschäftsleitung zuzuordnen. Im letzten Jahr stießen neue Führungskräfte in die oberste Etage vor und Hannes ist glücklich darüber, dass er zumindest seinen angestammten Platz als Leiter der Produktion behalten darf.

Die neue Philosophie

Der CEO, der Finanzchef und der Leiter Forschung und Entwicklung sind allesamt viel jünger. Exakt sind es vierzehn Jahre und zwar bei allen. Es ist garantiert reiner Zufall, dass sie derselbe Jahrgang – 1980 – sind, an derselben Universität studiert haben und im gleichen Klub sind. Man hört immer wieder, dass die Zeit von Seilschaften vorbei ist. Hier spielt ganz offensichtlich das Schicksal mit, dass sich drei verlorene Freunde als Kollegen wiedergefunden haben. Hannes glaubt das zwar nicht, aber es wird von der Geschäftsleitung so kommuniziert.

Die unausgesprochene Philosophie dieser Führungscrew erinnert Hannes an den Geschichtsunterricht. Im Jahr 1638 ist der Sonnenkönig Louis XIV. geboren. Ob es wohl auch ein Zufall ist, dass eben dieses Jahr exakt dieselbe Quersumme wie 1980 hat?

Wie sich die neue Philosophie auf die Firma auswirkt? In praktisch allen Funktionen und auf allen Ebenen wird der Druck erhöht. Nach einer weiteren Welle von Personalinformationen mit dem Inhalt »der Gurt muss enger geschnallt werden« ist die Stimmung bei allen im Keller. Die ersten verbalen Bedrohungen aus den unteren Hierarchiestufen werden laut. Just in diesem Moment verteilen die Chefs Geschenke: ein dekadentes Fest für die Führungskräfte auf Sylt, Weihnachtspakete für alle aus dem

Delikatessen-Laden. Damit ist die Truppe wieder ruhiggestellt – zumindest vorerst.

Das Projekt Karneval

In dieselbe Kategorie ordnet Hannes sein ihm aufgebrummtes Projekt »Karnevalswoche« ein. Rund um die Faschingstage soll er dafür sorgen, dass die Menschen im Betrieb dank entsprechender Maßnahmen spüren, dass dem CEO und seinen Trabanten diese närrischen Tage am Herzen liegen. »Gebt Papierschlangen und du erhältst Aufopferung«, so lautet für Hannes die vereinfachte Gleichung. Er fragt sich, an welcher Hinterhof-Universität im Norden von Alaska diese Weisheit gelehrt wurde. Denn wer außer Römischen Kaisern und Louis XIV. würde auf eine solche Idee kommen?

Hannes bleibt nichts anderes übrig, als das Projekt umzusetzen, will er weiter in der Geschäftsleitung bleiben. Also macht er sich gewohnt strukturiert, wie man es früher gelernt hat, an die Projektarbeit mit Zieldefinition, Ressourcenplanung und so weiter. Jetzt sitzt er im Büro, übt sich im Einzel-Think-Tank und beginnt zu notieren.

Das einfachste sind die Dekorationselemente. Diese lässt man einfliegen, denn Papierschlangen aus dem Aldi sind ja wohl zu despektierlich. »Wir genügen höchsten Ansprüchen«, pflegt die Chefetage zu posaunen. Darum sollen es handgeschöpfte Papierschlangen aus einer Edel-Papier-Manufaktur in China sein. Das Konfetti muss von Hand ausgeschnitten sein und wer genau hinschaut, sieht, dass es nicht 08/15-Konfetti ist, sondern Kleinst-Interpretationen des Firmenlogos.

Auch die rote Nase darf nicht fehlen. Bei einem Bestand von rund tausend Mitarbeitern lässt sich beim Lieferanten sogar eine Spezialausgabe bestellen. Das Firmenlogo auf der Nase ist eine Selbstverständlichkeit. Im Inneren riecht die Nase zusätzlich nach Rosmarin und Koffein – nachweislich die motivations- und energieförderlichsten Düfte.

Die kulinarische Auswahl im Personalrestaurant kann aus logistischen Gründen nicht verändert werden. Aber die schöpfenden und kassierenden Mitarbeiter sind als Bären verkleidet und das Beilagen-, Fleisch- und Salatangebot ist mit biologisch abbaubaren Lebensmittelfarben fastnächtlich getrimmt. Die Nudeln strahlen in diskretem Rot, die Pommes erkennt man am traditionellen british-racing-green – notabene in derselben Farbe wie das Dienstfahrzeug des CEO, ein Jaguar F-Pace. Die Salatsoße ist pink, die Tomatensoße in Firmengelb. Das macht Spaß und zeigt gleichzeitig, wie gut die Mitarbeiter mit dem Ungewohnten umgehen können.

Die Faschingszeitung

Nun macht sich Hannes noch an eine heiklere Sache. Er möchte eine Art Faschingszeitung ins Intranet stellen. Ein Jaguar – das Raubtier – ziert die Frontseite, der Name der Zeitung ist passend dazu Lucky-Jag. Ob das wohl gut ankommt? Hannes ist noch etwas unsicher. Aber je mehr er in Fahrt gerät, desto weniger zweifelt er. An Sarkasmus spart Hannes nicht. Er sucht Donald Trump-Zitate und legt sie dem CEO in einem Leitartikel mit dem Titel »Wenn unser CEO trumpen würde« sozusagen in den Mund.

Das ergibt dann folgende Aussagen:
»Ich werde eine große Mauer an unserer nördlichen Grenze zum Gelände unseres Mitbewerbers bauen und ich werde diesen die Mauer bezahlen lassen.«
»Ich bin der beste CEO, den Gott je erschaffen hat.«
»Lerne immer aus den Fehlern anderer, nicht aus den eigenen – das ist billiger.«
»Der einzige Unterschied zwischen mir und den anderen Mitgliedern der Geschäftsleitung ist, dass meine Frauen schöner sind.«

Das kommt gut, schießt es Hannes durch den Kopf, und er freut sich, dass er einmal etwas wirklich Nachhaltiges für das Unternehmen tun kann. Er gerät bei der Arbeit beinahe in Motivationstrance. Vollkommen im Flow, hat er einen Geistesblitz: Online will er ein Kostüm für den CEO bestellen, das dieser dann die ganze Woche im Betrieb tragen soll. Die Suchbegriffe lauten »Kostüm« und »Louis XIV« …

6 Man(n) zieht sich zurück: Die Auszeit

Es ist soweit: Aufgrund der Dienstalter-Regelung darf Hannes eine Auszeit von drei Monaten nehmen. Früher war es üblich, darauf zu verzichten. Das war ursprünglich auch Hannes' Plan gewesen. Doch die Zeiten haben sich geändert. Galt man früher als »nicht belastbar«, wenn man einfach so mal drei Monate abtauchte, avancierte man dadurch inzwischen sogar zum Trendsetter.

Der moderne Mann zieht sich zurück, macht sich rar und zeigt, dass er die Abteilung so gut organisiert hat, dass es durchaus mal ohne ihn geht. In Weiterbildungen lernt man das schon lange und es ist wissenschaftlich erwiesen, dass alle Beteiligten davon profitieren. Aber erst seit der neue CEO die Geschicke leitet, wird die Erkenntnis wirklich in die Praxis umgesetzt. Auch Hannes' Chef ging vergangenes Jahr drei Monate in einen Bildungsurlaub nach Hawaii. Work-Life-Balance unter Palmen. Einmal mehr zeigt sich, dass ein gutes Vorbild durch nichts zu ersetzen ist.

Man(n) überlässt nichts dem Zufall

Hannes räumt den Schreibtisch auf. Und zwar so, dass er drei Monate weggehen kann, sich aber nach dieser Zeit auch wieder zurechtfindet. Alles versorgen, aber nichts verstauen. Der Stellvertreter weiß Bescheid, wo er ihn zur Not erreichen kann. Hannes mochte dann doch nicht alle Geheimnisse aus der Kategorie »Das haben wir schon immer so gemacht, ist aber nirgends aufgeschrieben« preisgeben. Bei allem Vertrauen ... man weiß ja nie, auf welche Ideen die Leute kommen, wenn seine Abwesenheit problemlos sein würde.

Der Findungsprozess, was er in den drei Monaten tun will, war nicht ohne. Einmal mehr hat Hannes dank seinem Organisationstalent ein raffiniert austariertes Auswahlverfahren zelebriert. Von der grundsätzlichen Definition von »Bildung«, »Erholung«, »Zwischenbilanz im Leben ziehen« bis zu »Zeit für sich haben«. Verknüpft mit einer in bewährter morphologischer Manier aufgelisteten SWOT-Analyse zu den gesammelten Drei-Monats-Programmen, kristallisierten sich die Favoriten heraus. Et voilà, nach mehreren Wochen akribischer Erkenntnissuche, kam er zum Schluss: »Ich werde drei Monate Hausmann«.

Man(n) wird Hausmann

Dafür geht seine Frau in den schon lange ersehnten Mal-dich-frei-Workshop, der just drei Monate dauert. Dort will sie ihre künstlerischen Fähigkeiten im Bereich »inneres Seelenleben auf Papier bringen« vertiefen.

Hannes geht perfekt vorbereitet in diese Phase. Er hat bereits alle Menüpläne der nächsten drei Wochen aufgesetzt. Selbstverständlich auch optisch dargestellt samt der Verteilung der wichtigsten Vitamine pro Mahlzeit und Woche, denn er will ausgeglichen kochen. Daraus entwickelte er ebenfalls den Einkaufsplan für die ganze Periode.

Das hat ungeahnte Vorteile. Die Sonderangebote in den Kaufhäusern der Stadt und der Umgebung können so gezielt genutzt werden. Allerdings nur, wenn es langfristig geplant wird, ansonsten werden die Sparanstrengungen durch die Mehrarbeit wegen der Suche nach den besten Angeboten wieder zunichte gemacht.

Seine Pausentermine sind im E-Mail-System, das er sich zu Hause auch installiert hat, fixiert. Noch hat er nicht alle Pausenpartner kontaktieren können. Auf der Suche nach Gesinnungsgenossen, fand er im Internet bereits drei Männer, die ebenfalls Hausmann machen. Ein wichtiger Kontakt ist die Nachbarin, die er für Notfälle aller Art immer in Bereitschaft halten möchte. Denn seine Frau im Workshop anzurufen geht absolut nicht. Sie hat's verboten. Außerdem würde der störende Anruf wohl sofort auf einem der Bilder sichtbar. Und darauf will Hannes verzichten.

Man(n) haushaltet mit System

Ganz besonders stolz ist Hannes auf die neu eingerichtete Lagerbewirtschaftung. Seine jahrelange Erfahrung als Führungskraft in einem Produktionsunternehmen kommt ihm einmal mehr zupass.

Er hat bereits alle vorrätigen Lebensmittel im Computersystem erfasst. Alles ist abrufbar: nach Stichwortsuche, Ablaufdatum, Vitamingehalt oder Lagerort. Die Vorräte hat er in wochenlanger Arbeit mit einem Barcode-Label versehen. Mit dem auf eBay erworbenen Scanner ist das System nun komplett. Vom ersten Hausarbeitstag an ist es möglich, sämtliche Lebensmittel, die aus dem Vorrat geholt werden, zu scannen. Das System verbucht das Produkt im Ausgang und erstellt automatisch die Einkaufsliste.

Ein Kollege aus der IT hat das System so programmiert, dass die Einkaufsliste mit den manuell erfassten Sonderangeboten abgeglichen wird. Falls es dort keine Übereinstimmung gibt, löst das System automatisch einen Bestellvorgang in einem vordefinierten Online-Kaufhaus aus. Damit wirklich gar nichts schiefgehen kann, erhält Hannes zusätzlich eine SMS-Nachricht mit den besten Angeboten, etwa von frischen Teigwaren. Eine kurze Bestätigung auf die vorprogrammierte Nummer und schon wird die Ware vom Lieferdienst bis an die Haustüre delivert.

Hannes fühlt sich richtig gut vorbereitet. Die Auszeit soll ja ein Ausgleich sein. Mal was anderes erleben. Ohne gleich die geordneten Lebensbahnen über den Haufen zu werfen. Genau diese Prise Vertrautheit macht Hannes Mut, dass er die drei Monate gut übersteht. Den Malkurs kann er dann immer noch nachholen, vielleicht gibt es ihn ja mal im Weiterbildungsangebot seines Unternehmens …

Recruiting, Personalentwicklung, Kommunikation: Hannes führt sein Team

7 Auf Mitarbeitersuche

Trotz angespannter Zeiten gibt es immer wieder auch personelle Fluktuationen. Der Innendienstleiter ging in Rente, seine Stelle ist bewilligt und wird neu besetzt. Hannes bereitet sich auf die Rekrutierung vor, schließlich gehört dieser Bereich in seine Abteilung. Dabei wird er als Leiter Produktion im Prozess selbstverständlich von den Kolleginnen und Kollegen der HR-Abteilung unterstützt. Das ist auch gut so. Gleichwohl möchte er als Linienvorgesetzter die Leitplanken setzen. Heute steht ein Abstimmungsmeeting mit den Rekrutierungsverantwortlichen der HR-Abteilung an und er weiß: Je besser vorbereitet er dort erscheint, desto mehr wird seine Intention wahrgenommen und ihr entsprochen.

Das Anforderungsprofil ist mannigfaltig

Hannes setzt sich hin und überlegt, wie das Profil ist. Vieles hat sich in den vergangenen Jahren doch stark verändert. Er beginnt stichwortartig in die Tastatur zu hacken.

Heute sind Computer-Kenntnisse sämtlicher gängiger Programme wohl Voraussetzung. Das muss man nicht hinschreiben, kann man aber. Kommt dazu, dass der Innendienst nach der Reorganisation in den nächsten Monaten auch für Marketing- und Kommunikationsmaßnahmen zuständig sein wird. Es braucht also eine Person mit Abschluss in Marketing-Kommunikation oder ähnlicher Ausbildung. Diversity ist im globalen Markt ein Muss und daher liegt es auf der Hand, dass der Bewerber mindestens eine mehrjährige Auslandserfahrung mitbringen muss.

Technisches Flair ist in einem Industriebereich Voraussetzung, damit der neue Mitarbeiter das Kerngeschäft überhaupt versteht. Aber Flair alleine genügt heute nicht mehr. Mindestens drei Semester an einer technischen Uni oder zumindest ein Ingenieur-Nachdiplomlehrgang sollten es zwingend sein. Englisch in Wort und Schrift steht ebenfalls auf der Liste von Hannes. Gerade in Asien wird Wert darauf gelegt, dass Schreiben auch in dieser Sprache fehlerlos sind.

Hannes skizziert weiter. Als Leiter einer Abteilung mit zwanzig Mitarbeitern kommt ein Kandidat nicht darum herum, mindestens einen abgeschlossenen Leadership-Lehrgang absolviert zu haben. Eine Führungspersönlichkeit muss er sein. Sozialkompetenz, Bereitschaft zur ständigen Weiterentwicklung, hohe Empathie und Durchsetzungsvermögen, Zielorientierung sind hier die gängigen Klassiker.

Als Hannes seine Stichworte noch einmal durchliest, fällt ihm auf, dass noch Praxis in einem Industriebetrieb und Führungserfahrung fehlen. Er ergänzt und sieht, dass es einiges ist, was die neue Frau, der neue Mann erfüllen muss.

Das Alter ist auch entscheidend

Nicht zuletzt sollte die Person aber auch in die Altersstruktur des Teams passen. Bei einem Durchschnittsalter von unter dreißig Jahren, sollte auch der neue Chef aus einer jüngeren Generation kommen, um die jungen Menschen von heute zu verstehen. Er tippt noch »Idealalter zwischen fünfundzwanzig und fünfunddreißig Jahre« in die Liste. Das passt. Er ist gespannt auf die ersten Dossiers und die Lohnforderungen. Denn dort hat das Unternehmen aus finanziellen Gründen nicht mehr allzu viel Spielraum. Aber das ist wohl auch für die Kandidaten kein Problem, wenn sie denn endlich ein Unternehmen finden, wo sie ihre vielfältigen Talente und Erfahrungen ausleben können …

8 Die Integration neuer Mitarbeiter

Das Unternehmen von Hannes hat inzwischen den fünften Reorganisationsprozess innerhalb der vergangenen drei Jahre hinter sich. Organigramme wurden neu gezeichnet, Strukturen und Strategien neu definiert und am Ende das Tages kam immer das gleiche Resultat heraus: Die Kosten müssen weiterhin optimiert werden!

Auch die neueste Entscheidung zielt in diese Richtung. Der Abgang eines Abteilungsleiters wird genutzt, um zwei Abteilungen zusammenzulegen. Der Mitarbeiterstamm von fünfzehn Personen in der führungslosen Abteilung wird in die Abteilung von Hannes eingegliedert.

Für Hannes ist das eine neue Erfahrung. Bis jetzt war immer er derjenige, der seinen Laden gesundsparen musste. Jetzt erhält er auf einen Schlag fünfzehn Personen zusätzlich. Die Integration von Mitarbeitern aus einer aufgelösten Struktur in eine andere, bereits bestehende Abteilung ist anspruchsvoll. Das weiß er aus Erfahrung, Lehrgängen und einschlägigen Fachartikeln.

Hannes blättert im Buch »Leadership in drei Stunden« und bleibt an der Stelle »Integration neuer Mitarbeiter aus einer aufgelösten Abteilung« hängen. Genau das ist sein Thema. Entscheidend sei – so liest er – von Anfang an eine neue Kultur zu etablieren. Weder die Kultur der einen noch die der anderen Abteilung soll weiterhin gelten. Es soll in jedem Fall eine neue Kultur entstehen. Denn schließlich ist es eine Fusion und keine Übernahme.

Das Integrationskonzept

Aus der Gruppendynamik weiß Hannes, dass vor allem die menschliche Komponente stimmen muss. Ein Teamspirit soll entstehen. »Teamspirit – genau darauf kommt es an«, denkt Hannes begeistert. Er notiert das Wort »Integrationskonzept« in sein noch leeres Word-Dokument. Ziel ist es, mit diesem Konzept einen neuen, gemeinsamen Teamspirit zu entwickeln.

Er platzt fast vor Stolz, einmal mehr die treffenden Worte gefunden zu haben, die garantiert auch in den höheren Hierarchie-Etagen Eindruck machen. Doch wie schafft er es, einen neuen Teamspirit zu etablieren? Nun sind Ideen gefragt.

Der Teambildungsworkshop

Er googelt nach »Teambildungsworkshop«. Ein riesiges Angebot ploppt ihm entgegen. Schneeschuhlaufen auf Grönland, aufs Matterhorn oder in der Schnee- und Skisporthalle im Sommer in Dubai. Andere Angebote offerieren, gemeinsam Bier zu brauen oder Weinreben zu pflanzen. Gar einen Whiskey gemeinsam gären zu lassen, soll gemäß den Veranstaltern das Gemeinschaftsgefühl stärken. Sicherlich zielführend ist das klassische Abseilen an der Eiger Nordwand. Das ist ein Erlebnis und niemand lässt den anderen hängen. Diese Analogie ist auch im Alltag immer gut zu gebrauchen.

Hannes ist sich noch unschlüssig, wie er den Transfer von Whiskey in den Arbeitsalltag schafft. »Gemeinsam den Reifeprozess zu beobachten«, kann auch falsch interpretiert werden. Auch »wir lassen niemanden vom Berg herunterfallen« legt nicht von vornherein offen, inwiefern das mit der Backoffice-Arbeit vergleichbar ist. Noch geht es dort nicht um einen Sturz in die Tiefe eines Tales.

Oder dann doch ein passendes Motto?

Hannes wechselt die Ebene. Vom konkreten Erlebnis weg und einen Schritt hin zur Intellektualität? Ein gemeinsames Motto vielleicht? Das könnte besser funktionieren. Schon kommt ihm die zündende Idee: Wir sind ONE – one Team, one Spirit, one Force, one Chief. Damit hätte er auch gleich vorgesorgt, dass man ihm eines Tages nicht wieder einen zusätzlichen Chef vor die Nase setzt. Mottos bleiben allerdings leere Worte, wenn sie nicht konkretisiert werden. Also nichts wie los. Hannes hämmert wie wild die Umsetzungsziele in die Tastatur: »Wir sind ein Team, wir sorgen füreinander, wir helfen einander, wir streben alle den Erfolg an, wir akzeptieren jeden in seiner Persönlichkeit.«

Hannes ist stolz über das Feuerwerk innovativer Vokabeln, das er hingeschmettert hat. Und er ist überzeugt, dass die neue und die alte Crew das ebenso toll finden wie er. Und wenn nicht? Dann ist der Teamgeist im Eimer, bevor er eine Chance hatte, zu entstehen.

Da durchzuckt ihn ein Gedanke: Er könnte die Leute gemeinsam eine geeignete Teambildungsmaßnahme suchen lassen. Das wäre ja auch eine Art Integration? Und den Whiskey kann man ja immer noch trinken, anstatt ihn im Eimer gären zu lassen …

9 Gesundheitsmanagement: Die Belegschaft soll sich mehr bewegen …

Seit einiger Zeit betreibt das Unternehmen, in dem Hannes in der Geschäftsleitung sitzt, ein sogenanntes Gesundheitsmanagement. Durch gezielte Maßnahmen sollten in aller Ernsthaftigkeit und Konsequenz Krankheitstage reduziert werden. Sehr professionell wurde das von Anfang an durchgezogen und alle Vorgesetzten spielten mit. Ein Erfolgsrezept. Erfolg macht hungrig auf mehr. Was im Großen funktioniert, soll nun auch im Kleinen seinen Niederschlag finden.

Der Auftrag an Hannes, den Spezialisten für akribische Detailarbeit, ist »durch gezielte, kleine und kleinste Maßnahmen das Potenzial im Alltag auszuschöpfen, damit die Mitarbeiter einen aktiven Beitrag für die eigene und im übertragenen Sinn auch für die Gesundheit des Unternehmens leisten«. Darum geht's schließlich. Jahresziel ist es, eine gute Rendite zu erwirtschaften, nicht eine Wellness-Oase zu betreiben.

Es soll nichts kosten, aber nützen

Die Rahmenbedingungen sind wie immer: Es darf nichts kosten, muss aber viel bewirken. Darin ist Hannes unterdessen routiniert – eine trockene Zitrone so auszupressen, dass nochmals was Saures rauskommt. »Im konkreten Fall bedeutet es, das, was wir sowieso tun, so zu tun, dass es auch gesund ist«, überlegt Hannes. »Gesund« heißt in diesem Projekt wiederum »Prävention durch mehr Bewegung«. Denn wer sich körperlich mehr bewegt, ist gesünder, wird weniger schnell krank, steht dem Unternehmen länger zur Verfügung und ist, so sagt die Wissenschaft, auch geistig beweglicher. Das ist nötig heute, denn man weiß nie, wer morgen der Chef ist, wo übermorgen das eigene Büro steht und warum man nächste Woche im Fernen Osten arbeiten wird.

Die Liste mit Maßnahmen

Hannes ist wieder am Pebrasto, so nennt er sein persönliches Brain-Storming. Er hat bereits einen Besprechungstermin mit dem Lift-Hersteller. Er will den Aufzug so langsam programmieren lassen, dass gehen alleweil schneller ist als die komfortablere, aber gesundheitlich weniger einträgliche Variante zu nutzen, nämlich den Lift. Die Schilder am Lift, die dazu animieren sollen, für bis zu zwei Stockwerke freiwillig die Treppe zu nehmen, werden kaum beachtet und schon gar nicht befolgt. Solange alle im Unternehmen den Begriff »Effizienz« subkutan unter die Haut geimpft bekommen, funktioniert der Wechsel zur Treppe nur über das Anreizsystem der Geschwindigkeit.

Die Kaffeemaschinen, die auf jedem Stockwerk stehen, werden ebenfalls umprogrammiert. Mit dem persönlichen Badge, auf den das Kaffeebudget geladen ist, können nur noch Getränke auf dem jeweils oberen Stockwerk herausgelassen werden. Wer also auf der ersten Etage arbeitet, muss zwingend in die zweite Etage gehen – ohne Lift notabene –, um sich den Kaffee zu holen. Hannes schmunzelt ob dieser genialen Idee. Ähnliches macht Sinn bei den Regalen. Je häufiger ein Ordner gebraucht wird, desto weiter weg wird er eingeräumt: Entweder ganz oben oder ganz unten im Regal. »Bücken und Strecken« geht in einem Aufwasch mit »Akten suchen«. »Die Gesundheit muss in den natürlichen Arbeitsablauf eingebaut werden«, ist Hannes überzeugt.

Die Wirksamkeit von durchdachten Detaillösungen

Hannes wird sich wieder einmal bewusst, wie wirksam Detaillösungen sein können. Nun gut, sein Antrag, sämtliche Dienstwagen VW Golf und VW Passat durch Geländewagen zu ersetzen, die man besteigen muss, wurde aus ökologischen und imagetechnischen Gründen abgeschmettert. Aber was soll's. Seine Ideen sind noch nicht ausgereizt.

Die Parkplätze sind ab sofort nicht mehr vor dem eigenen Unternehmen. Sie wurden mit den Parkplätzen der Nachbarfirma getauscht. Wer sein Auto parkt, muss jetzt mindesten dreihundert Meter zu Fuß gehen. Stramme Waden und ein stärkeres Herz gibt es gratis dazu!

Das Lauberhorn-Skirennen in der Toilette

Apropos Muckis an den Beinen: Ein Schild in der Toilette macht auf eine sehr effiziente Maßnahme aufmerksam. Immer mehr Leute putzen sich auch tagsüber mal die Zähne. Ein Schild ermuntert, dies in der sogenannten Abfahrtshocke zu tun. Zwei Minuten in der Hocke bleiben, während man die Zähne schrubbt – das kommt schon fast einer Abfahrt auf der Lauberhorn-Strecke gleich. Es schmerzt anfänglich, dann aber kommen die satten Oberschenkel. Und das ist auf jeden Fall gesund.

Hannes ist stolz. Gleich darf er den Maßnahmenkatalog der Geschäftsleitung präsentieren. Vorher sollen aber alle das Dokument durchlesen. Bevor er den Button »senden« im E-Mail-Postausgang anklickt, denkt er daran, den Katalog allen persönlich vorbeizubringen – natürlich zu Fuß.

Dann könnte er sich auch gleich noch einen Kaffee holen und die Zähne putzen – aber die Sitzung beginnt schon in zehn Minuten. Also auf den Button gedrückt – wie gesund das auch immer sein mag.

10 Ich motivier dann mal …

Auch Hannes hat es erwischt: Seine Mitarbeiter sind nicht mehr motiviert. Gemäß der letzten Personalumfrage ist die Mitarbeitermotivation in seiner Abteilung bereits zum zweiten Mal in Folge weiter gesunken. Diesmal sind es 0,4 Prozentpunkte weniger. Zwar ist das Niveau mit 86,491398 Prozent ziemlich ordentlich, aber Luft nach oben gibt es ja immer. Sagt der CEO. »Man darf nie damit zufrieden sein, dass man zufrieden ist«, meint er.

Mindestens 90 Prozent

Im Grunde haben sich alle Mitarbeiter über die Prozesse, das Arbeitsvolumen und auch die meisten anderen Punkte positiv geäußert. Es ist einzig und allein das Kriterium »ich fühle mich motiviert in meiner täglichen Arbeit«, dessen positive Spannung auf der Einstufungsskala etwas abgeschlafft ist. Von daher ist die Aussage präzise: Die Mitarbeiter fühlen sich nicht mehr so stark motiviert wie früher. Die Devise von Hannes Chef ist ebenso klar: Sorgen sie dafür, dass diese Zahl nächstes Jahr wieder höher ist, am liebsten um die 90 Prozent.

Die Vorbereitungsphase

Hannes ist im ersten Moment etwas unsicher, was er tun soll. Irgendwann hat er gelernt, dass ein Chef seine Mitarbeiter nicht motivieren kann. Im besten Fall soll er sie in einer ersten Phase nicht demotivieren und dann ein Umfeld schaffen, in dem sich alle entwickeln und entfalten können. Genau das motiviert – zumindest gemäß der Wissenschaft.

Aber das greift erst langfristig. Hannes bleiben nur ein paar Monate, um den Motivationswert aufzuhübschen. Er muss also aktiv motivieren. Hannes wäre nicht Hannes, wenn er nicht planvoll und strukturiert vorgehen würde.

Zuerst kauft er sich einen Stapel Motivationsbücher mit Titeln wie »Mitarbeiter motivieren in dreißig Tagen«, »Gehe hin und motiviere«, »Die Steve-Jobs-Motivations-Methode«. Er zieht selbst einschlägige Literatur von ehemaligen Eishockey- und Fußballtrainern zu Rate, die im Sport erfahren haben, wie man ein Team motiviert und es nun für gutes Geld an Tagungen und in Bestsellern weitergeben. Auf dem Sportfeld sind sie allerdings nicht mehr gefragt – vielleicht motivierten sie dort ja zu sehr. Wie auch immer. Hannes hat das Gelesene sauber strukturiert verinnerlicht und – wie gewohnt – in einem detaillierten Maßnahmenplan beschrieben.

Die Umsetzung beginnt

Hannes hat entschieden, dass er »Think positive« als Grundmotto für die Motivation einsetzt. Kurz bevor er ins Büro seiner Abteilung oder in die Fabrikationshalle seiner Produktionsinseln geht, schaut er in den Spiegel. »Positives Gesicht« – ein XXL-Grinsen setzt er auf, nicht nur kurz, sondern permanent, bis er das Büro respektive die Fabrikationshalle wieder verlässt. Das strahlt aus. Genauso wie sein euphorisches »Hallo, einen schönen, tollen Morgen wünsch' ich euch allen und den supergroßen Erfolg heute«. In überschwänglicher Tonart in die Büroräume geworfen, soll seine Begrüßung anstecken und Energie geben.

Im FiSH!-Motivationsbuch *Für immer FiSH!* von Stephen C. Lundin, Harry Paul und John Christensen hat er gelesen, dass Fische werfen motiviert. Hannes hat sich dazu einen Vorrat an Büroklammern gekauft. Beim Eintritt ins Großraumbüro seiner Innendienst-Equipe, wirft er rein spaßeshalber immer eine Hand voll Büroklammern in die Luft. Die Adressaten dieser Nachricht wird die Botschaft wohl erreichen – obwohl sie es noch nicht schaffen, die Freude daran auch zu zeigen.

Hannes trägt neuerdings auch Smiley-Ansteckknöpfe am Hemd. Das steckt an, buchstäblich. Er begrüßt jeden Tag einen Mitarbeiter per Handschlag und wünscht ihm einen ganz besonderen Tag. Selbstverständlich verschickt er in der Mittagspause per E-Mail an alle eine positive Tagesnachricht. »Es geht nicht ums Gewinnen, es geht ums Kämpfen. Packen wir es an!« oder »Jeder Tag ist der beste Tag, ganz besonders der heutige.« oder ein schlichtes »Die Welt ist schön«. Auch hier spürt er den Erfolg nicht unmittelbar. Rückmeldungen bleiben noch aus. Nun, erfolgreich muss es ja nicht sofort sein, es muss erst in ein paar Monaten wirken – bei der nächsten Mitarbeiterumfrage.

Selbst die Signatur seines E-Mail-Accounts hat Hannes motivierender gestaltet. Das professionell-knapp formulierte »freundliche Grüße« wird ersetzt durch »lebensfrohe Energie und einen suuuperdollen Tag wünscht Ihnen ...« Hannes steht zwar überhaupt nicht auf solchen Schnickschnack. Als gelernter Ingenieur ist er den wissenschaftlichen Tatsachen verpflichtet. Vom Typ her liegt sein Hauptgewicht auf DISG-blau, er ist also strukturiert, ordentlich und aufgabenbezogen. Aber wenn in den Büchern steht, dass solcher Schnickschnack nützt, dann wird es wohl auch so sein. Und der Glaube versetzt ja bekanntlich Berge.

Auch seine Kleidung hat er angepasst und sich an Barack Obama ein Vorbild genommen. »Der ist ja auch ein Motivator«, sagt sich Hannes und krempelt bei der Arbeit die Ärmel seiner Hemden fortan stets zu einem Viertel hoch.

We are the best company

Schließlich sucht er noch nach einem passenden Video auf YouTube. Der Beginn einer Rede von Steve Ballmer vor seiner Microsoft-Crew erscheint Hannes passend. Ballmer springt auf die Bühne, rennt hin und her, jubelt, schreit, gerät fast außer Atem, stellt sich ans Rednerpult und beginnt »We – we are the best companyyyyy – yeah!« Genau, das ist es.

Hannes übt ebenfalls einen Text ein, steigert seine Fitness und beim nächsten Abteilungsmeeting stürmt er ins Sitzungszimmer, macht rennend drei Runden um den Tisch, kommt völlig außer Atem an seinem Platz an, schaut begeistert in die entgeisterten, irritierten Gesichter seiner Mitarbeiter und setzt zu seiner Rede an – »Mist, ich hab den Text vergessen!« Doch rasch fängt er sich: »Ich werde ihn direkt nach der Sitzung mailen«.

11 Mitarbeitergespräche sind eine Kunst!

Die Zeit ist reif. Das Verhalten eines Mitarbeiters gefällt Hannes schon lange nicht mehr. Die Leistungen von Mustermann sind alles andere als mustergültig. Termine werden so knapp eingehalten, dass es oft unsicher ist, ob es klappt. Ansonsten fällt Mustermann vor allem durch Unauffälligkeit auf. Krankentage am Montag nach Heimspielen des Lieblingsfußballklubs häufen sich. Immer wieder hat Hannes sich eingeredet, dass es besser werde und Mustermann nicht damit konfrontiert. Im Grunde aber ist es so, dass Hannes das entscheidende Gespräch seit Monaten vor sich herschiebt. Jetzt ist es soweit. Hannes Vorgesetzter hat Wind davon bekommen und ihn unter Druck gesetzt. »Eigentlich müsste der sich gar nicht einmischen«, denkt Hannes. Aber auch Hannes ist – obwohl Vorgesetzter – für seinen Chef ein Mitarbeiter. »Das ist die Hierarchie – es sitzt immer noch einer weiter oben.«

Das Gespräch gedanklich erst einmal vorbereiten

Hannes hat Fakten gesammelt und bastelt sich einen Leitfaden für das Gespräch mit Mustermann. Wie soll er beginnen? Etwas Small Talk? Das schafft Atmosphäre. Allerdings ist zu viel davon auch nicht gut, das hat er in der Ausbildung gelernt. Man soll nicht zu kollegial wirken, wenn es hart auf hart kommt. Stichwortartig notiert Hannes: »Kurzer Small Talk: Wetter passt immer, fragen ob er Skifahren geht«. Dieser Schuss kann allerdings in den Ofen gehen. Was, wenn der Mitarbeiter gleich nach dem Ski-Urlaub fragt? Also muss ein unverfänglicheres Thema her. »Wie geht's?« Nicht sehr kreativ und es interessiert ihn auch nicht besonders – auf der anderen Seite fragt sein Chef ihn das auch immer.

Dann zum Problem: »Ich bin heute da, um mit Ihnen ...« das hört sich zu sehr nach Verhör an, zu dramatisch. Also direkter: »Herr Mustermann« – das ist etwas förmlich, distanziert, schießt es Hannes durch den Kopf. »Geschätzter Herr Mustermann«. Genau, das drückt Wertschätzung aus, so steht es im Leitbild. Also: »Geschätzter Herr Mustermann, ich bin grundsätzlich zufrieden mit Ihnen«. Nein, das gefällt Hannes nicht. »Grundsätzlich zufrieden« hört sich negativ an. Dann kann er ja gleich sagen: »Ich bin unzufrieden mit Ihnen.« Aber das ist doch recht hart, wie ein Schlag ins Gesicht.

Hannes überlegt, wie er es denn selbst gern hätte? Ehrlich, offen, aber ohne zu verletzen. Konfrontieren, aber eine gute Stimmung halten? Hannes ist am Verzweifeln. Soll er sein Harmoniebedürfnis aufgeben, um seinem Chef zu gefallen? Soll er seinen Mitarbeiter verstimmen, um danach noch mehr Probleme zu haben? Aber wenn's so weitergeht wie bisher, geht's eben auch nicht.

Kommunikationsmodelle berücksichtigen

Hannes sucht in den Seminarunterlagen der Führungsausbildung nach einem Leitfaden und den gängigsten Gesprächsmodellen. Glasl, die sieben Eskalationsstufen. Diese helfen, ein Problem anzugehen, bevor es eskaliert. So schlimm ist es nun auch nicht, von Eskalation zu reden, wäre übertrieben. Harvard-Modell, Integration in der Konfliktlösung. Damit werden die beidseitigen Bedürfnisse erfasst, um sie zu erfüllen. Das ist für Hannes dann doch zu konsens- und kompromissorientiert. Von Bedürfnissen kann keine Rede sein, Mustermann muss einfach besser arbeiten. Dann findet Hannes noch GROW als Coaching-Modell.

Coaching tönt gut und solide Fragetechniken faszinieren Hannes. Zirkuläre Fragen, Fragen nach der inneren Landkarte, hypothetische Fragen – das ist die Theorie. Das im GROW zu verknüpfen, ist dann doch zu kompliziert und erscheint dem Tatbestand nicht angemessen. Schließlich braucht Hannes keine Fragen zu stellen, sondern muss Mustermann einfach sagen, was ihm wichtig ist.

Da fällt Hannes noch etwas ein: Die Kommunikation. In seinen Unterlagen stößt Hannes beim Wort »gewaltfrei« an die Grenzen seiner Vorstellung. Von Gewalt kann keine Rede sein. Und was, wenn das Gegenüber die Feedbackregeln nicht mehr kennt?

Es ist zum verrückt werden. Nach zwei Stunden Vorbereitung, holt sich Hannes einen Kaffee. Beim Automaten steht Mustermann. Er telefoniert privat. Hannes schaut ihn verdattert an, Mustermann schaut zurück und fragt: »Passt Ihnen etwas nicht?«. Hannes ist sauer und spontan entwischt ihm ein: »Ja, dass Sie privat telefonieren und nicht arbeiten«. Hannes muss gerade sehr glaubwürdig gewirkt haben. Mustermann unterbricht das Gespräch und geht an seinen Arbeitsplatz. Hannes ist stolz, einen solch tollen Gesprächseinstieg gefunden zu haben. Mit gesundem Menschenverstand lässt sich doch vieles erreichen.

Hannes hat es wieder einmal gelöst – oder auch nicht

Jetzt kann Hannes sein Gespräch weiter vorbereiten. Den Einstieg hat er schon. Doch wie soll es weiter gehen? Hannes Pragmatismus kommt zum Vorschein: »Es kann ja sein, dass diese Bemerkung gereicht hat, damit Mustermann sich bessert. Geben wir ihm doch noch eine Chance«. Zufrieden wendet sich Hannes dem Tagesgeschäft zu – im Wissen, ein Mitarbeiterproblem konstruktiv angegangen zu sein.

12 Wichtige Dinge sind Führungsaufgabe: Die Du-Kultur

Die erste Sitzung der Geschäftsleitung nach der langen Sommerpause hat gedauert. Hannes war sich dessen schon zuvor bewusst. Deshalb kam er gut vorbereitet und hat klare Pläne vorgelegt, wie im zweiten Semester in der Produktion noch etwas an der Effizienzschraube gedreht werden könnte, um die gefährdete Gewinnmarge noch etwas aufzubessern. Ein anspruchsvolles Unterfangen, zumal die Märkte ebenfalls flau sind.

Der Teamgeist des neuen CEO verpflichtet. Weitreichende Entscheidungen wie Schichtkürzungen oder Fremdvermietungen von Maschinenstraßen an Partnerunternehmen werden nun im Team der Geschäftsleitung austariert. Gemeinsam wird dann eine Entscheidung gefällt. Das Einzelkämpfertum hat ausgedient. Das ist Hannes sympathisch, denn es entlastet ihn als Produktionsleiter sehr.

Die Anträge von Hannes sind diskutiert worden. »Diskutiert« heißt: Jeder gibt seinen Senf dazu, obwohl er von Technik, Produktion, Kaizen und KVP überhaupt keine Ahnung hat. Entschieden wird höchstens, dass noch nicht entschieden wird. Aussagen wie »Da muss meiner Meinung nach Hannes nochmals über die Bücher« sind die vorgeschobenen Argumente, wichtige Entscheidungen nicht zu fällen. Das macht Spaß: Alle reden mit, niemand will die Konsequenzen tragen. Die Geschäftsleitung mutiert zum Abklatsch politischer Gremien in Europa.

Ab sofort wird »Du« gesagt

Aber heute hat Hannes sich getäuscht. Da schlägt doch tatsächlich die HR-Division vor, gezielt das Teamklima weiter zu fördern. Schlussendlich trage eine gute Motivation mehr zur Produktionssteigerung bei als die digital optimierte Steuerung einer Produktionslinie. Die Kollegen sind begeistert. Gemeinsam wird die Entscheidung getroffen, dass das Programm »Förderung der Firmenkultur durch mehr Motivation im Team« heißt, vor allem aber nichts kosten darf. Da entscheidet der CEO, der sich gerne als Macher-Typ bezeichnet, dass man zum Start doch einfach die Du-Kultur einführen solle. Geht schnell, wirkt schnell und kostet nichts. Das Gremium nickt die Idee spontan ab. Und Hannes erhält den Auftrag, die Umsetzung zu planen. Das ist zwar nicht gerade das, was Hannes sich aus dieser Sitzung versprochen hat, aber es bleibt ihm nichts anderes übrig, als sich daran zu machen.

Im Detail steckt der Du-Teufel

Zurück in seinem Büro beginnt er, die entsprechende Weisung zu entwerfen. Ab sofort sollen alle »Du« sagen, unabhängig von der Hierarchie. Das ist modern und zeugt von Offenheit und Aufgeschlossenheit. Seine Gedanken machen sich selbstständig: Gefühlt werden so Hierarchien abgeschafft, um sie dann durch die Hintertür noch stärker zu pflegen. Aber was heißt hier »ab sofort«? Ab sofort geht nicht, befindet er. Was ist mit denjenigen, die jetzt im Urlaub oder auf Geschäftsreise sind? Die kommen nächsten Montag zurück und werden von ihren Mitarbeitern plötzlich mit »Du« angesprochen. Das ist zu abrupt. Also muss ein Stichtag her. Er beginnt an der Weisung zu feilen.

Hannes definiert: Ab 1. Oktober dieses Jahres gilt die Du-Kultur. Und weil auch Leute im Dreischichtbetrieb betroffen sind, wird die Zeit 0:00 Uhr ebenfalls definiert. Zu Beginn der Schicht begrüßt der Bereichsleiter noch mit »Guten Abend Herr Meier«, verabschiedet wird dieser dann mit »Tschüss Matthias«. Das wirkt nur auf den ersten Blick etwas grotesk und gestelzt, aber die Gruppe spürt so am intensivsten, wie ernst es der Geschäftsleitung mit dem Thema »Wertschätzung« ist.

Gleichwohl weiß Hannes beispielsweise vom Finanzchef, dass dieser sich schwertut mit dem Du-Sagen. Eigentlich tun das viele. Kein Wunder, denn die Branche und ganz besonders das Unternehmen waren klar hierarchisch geprägt. Und sind es auch heute noch. Es gibt Abteilungen, in denen selbst langjährige Kollegen noch »Sie« zueinander sagen. Aber das ist jetzt alles vorbei. »Da muss man halt umdenken«, sagt sich Hannes und unterstreicht in der Weisung den Passus »für alle obligatorisch«. Aber findig wie er ist, kreiert er doch noch einen kleinen sprachlichen Notausgang.

Die rettende Übergangsphase

Wer in einer Übergangsphase von sechs Monaten Mühe hat, vom »Guten Tag Herr Meyer, konnten Sie den Bericht schon schreiben?« auf das joviale »Hallo Bruno, hast du das Gekritzel schon fertig gebastelt?« zu wechseln, für den gibt's eine Alternative. »Guten Morgen, wie sieht's aus, ist der Bericht schon fertig?«

»Das ist gut«, denkt Hannes und ist wieder einmal stolz, die Quadratur des Kreises gefunden zu haben. Dazu erfüllt das Unternehmen weitere Hürden in der geschlechterneutralen Formulierung. Wer nicht Menschen mit »Sie« oder »Du« anspricht, sondern nur über Sachen redet, kann »Frau« und »Mann«, sowie »Sie« oder »Du« nicht mehr verwechseln. Das ist wahrlich ein monumentaler Schritt im kontinuierlichen Verbesserungsprozess.

13 Das Team soll besser werden: Mit einem Persönlichkeitstest!?

Hannes Unternehmen hat sich der besseren Zusammenarbeit im Team verschrieben. Man kann darüber denken, was man will. Aber jede wissenschaftlich-psychologische Studie bestätigt, dass sich ergänzende und gut miteinander kommunizierende Teams leistungsfähiger sind. Also kann man ja wohl nichts gegen eine Verbesserung der Teamarbeit haben.

Aus diesem Grund hat die Geschäftsleitung von Hannes Unternehmen zusammen mit den HR-Verantwortlichen beschlossen, dass alle Kadermitarbeiter den DUDU-Persönlichkeitstest machen. Dieser hatte sich in einem aufwendigen Evaluierungsverfahren als der geeignetste Test entpuppt. Das Ergebnis wird aufzeigen, wie viele und welche Personen den Verhaltenstypologie-Farben nach D-U-D-U – dunkelrot, umbragrün, deckweiß oder ultramarinblau – zugewiesen werden können.

Komplexe Wirkung

Hannes hat sich bei der Information zum Test kurz gefragt, inwiefern das Wissen darüber, welche Farben im Team der Geschäftsleitung wie oft vertreten sind, die Zusammenarbeit verbessert. Aber für solch skeptische Fragen um die sozio-psychologischen Wirkungen bleibt im Moment keine Zeit, schließlich soll die optimierte Teamzusammenarbeit möglichst ab morgen wirken und ab übermorgen offensichtliche Resultate zeitigen.

Das mag auf den ersten Blick als oberflächlich erscheinen. Doch die Zeiten verändern sich rascher denn je, der Markt ist schnelllebiger als früher und so ist es nur logisch, dass sich die Menschen dem Tempo anpassen und ihren Charakter entsprechend schnell ändern müssen.

Der Test in der Praxis

Hannes erhält von der HR-Abteilung den Zugangscode und füllt die Befragung online am Arbeitsplatz aus. Bereits bei der ersten Frage spürt Hannes, wie entlarvend – heute nennt man dies transparent – der Test ist. »Füllen Sie diesen Fragebogen am Arbeitsplatz aus?« »Beantworten Sie ihn während der Arbeitszeit? Beantworten Sie ihn zu Hause? Falls Sie ihn zuhause ausfüllen, schreiben Sie es als Überstunden auf?«

Er hangelt sich durch den Dschungel von Fragen, die beispielsweise von ihm wissen wollen, ob er bei größeren Differenzen mit seinem Vorgesetzten seinen Chef lieber verprügeln, verleumden, betrügen oder ignorieren würde. Die Hilfefunktion zeigt, dass – sollte keine Antwort zutreffen – man diejenige nehmen soll, die am ehesten zutrifft.

Hannes entscheidet sich deshalb für »ignorieren« und erntet aufgrund des Logarithmus das folgenschwere Verdikt »legt wenig Wert auf soziale Kontakte«. Am Schluss resultiert für ihn die Farbe »ultramarinblau«. Sie steht für die Typologie »sachlich, wenig personenbezogen«. Dieses Resultat bereitet Hannes einige Sorgen. Er muss sich doch die Frage stellen, ob er als ultramarinblauer Typ überhaupt als Führungskraft geeignet ist. Diesen Zweifel darf er nicht aufkommen lassen.

Das Resultat stimmt noch nicht

Also kehrt er das Vorgehen um. Er liest zuerst die Auswertungen und entscheidet, dass er aus Imagegründen am besten die Farbe dunkelrot mit ein wenig Deckweiß, aber keinesfalls die Farbe umbragrün aufweisen sollte.

Er loggt sich neu ein und macht den Test insgesamt fünfzehn Mal, bis das Resultat das richtige ist. »Führungsstark, entschei-det, stellt Mensch und Sache in den Vordergrund.« Jetzt ist Han-nes zufrieden.

Bei der Präsentation der Resultate der einzelnen Personen auf der nächsten Geschäftsleitungssitzung wird schnell klar: Alle in diesem Gremium sind dunkelrot. Welcher Zufall. Hannes ist er-staunt, denn Kollege Fred vom HR ist garantiert nicht dunkelrot. Eher umbragrün – ein klarer umbragrüner Typ sogar. Auf Freds Pult stehen Entscheidungen seit Wochen an, nur weil dieser ge-rade soziale Beziehung pflegt. Hannes ärgert sich, dass Kollegen, die derart unehrlich einen Fragebogen manipulieren, sich über-haupt in solch verantwortungsvollen Positionen halten können.

14 Gender: Frauenförderung als Chefsache

Aufgrund der verschiedenen Möglichkeiten, Fördermittel zu beantragen, ist auch im Unternehmen von Hannes der Druck von außen größer geworden, die Förderung von Frauen verstärkt anzugehen. Bei der montäglichen Sitzung der Geschäftsleitung wurde beschlossen, (endlich) den Vorgaben zu entsprechen. Weniger aus Überzeugung und aus Herzensgründen, sondern vielmehr aus der Einsicht, dass man gegenüber der Konkurrenz nicht abfallen und zumindest nach außen den Eindruck eines modernen Betriebs vermitteln will.

Zuerst ein Konzept

Wieder einmal ist Hannes für diesen Nebenjob ausgewählt worden. Die Geschäftsleitung hat mit einer einzigen Gegenstimme beschlossen, dass Hannes ein Konzept und einen Vorschlag macht, wie das Weibliche zukünftig aktiver gefördert werden kann. Hannes hat es zähneknirschend zur Kenntnis genommen, denn das Argument, dass seine Abteilung den geringsten Anteil an Mitarbeiterinnen hat, konnte er nicht entkräften – zumindest nicht spontan.

Also klemmt er sich hinter das Erstellen eines Konzeptes. Die Ausgangslage, beziehungsweise das Förderungspotenzial in den Abteilungen präsentiert sich wie folgt:

- Frauenquote in der Produktion: 0,4 Prozent
- Frauenquote in der HR-Abteilung: 92 Prozent
- Frauenquote im übrigen Management: 4 Prozent
- Frauenquote in der obersten Leitungsstufe: 0 Prozent

Ziel soll sein, dass bei der nächsten Messung – in einem Jahr – die Prozentzahl überall höher liegt. Oder zumindest nach außen der Eindruck entsteht, dass man sich ernsthaft der Problematik angenommen hat.

Erster Schritt: das Leitbild

Hannes versucht, den Makel von 0 Prozent in der Geschäftsleitung mit einem brillanten Vorschlag im Kapitel »Konkrete Maßnahmen« anzugehen. Er ist sich nämlich bewusst, dass niemand ernsthaft in Erwägung zieht, an dieser Stelle etwas zu ändern. Was man aber ändern kann, ist das Leitbild. Das wirkt zwar noch modern, aber statt »Kunden stehen bei uns im Mittelpunkt« als ersten Satz des Leitbildes zu verwenden, wird neu die Aussage »Frauen werden bewusst auch in die höhere Führungsebene befördert« die ersten Zeilen des Leitbildes zieren. Das muss fürs erste ausreichen. Mit dieser Maßnahme sieht jeder, dass es dem Unternehmen mit der Frauenförderung ernst ist und gleichzeitig hat man etwas Zeit gewonnen, tatsächlich etwas zu tun.

Zweiter Schritt: die sprachliche Anpassung

Für die Produktion fällt Hannes keine wirksame Maßnahme ein. Einzig die Weisungen könnten wirklich gendergerecht formuliert werden. Er geht den Ordner mit den zahlreichen Weisungen zur Sicherheit durch und pickt sich eine x-beliebige Weisung heraus. Diese lautet aktuell: »Ein Sicherheitsingenieur gibt Weisungen zur Unfallvermeidung an den Fertigungsverantwortlichen.«

Das geht natürlich gar nicht! So werden tatsächlich nur Männer angesprochen. Er überlegt sich, wie er den Satz gendergerecht formulieren werden kann. Die naheliegende Alternative »Sicherheitsingenieurin und -ingenieur« ist zu schwerfällig. Also muss der Satz geschlechtsneutral sein. Wie lautet eine geschlechtsneutrale Formulierung von »Ingenieur«? Das Wort »Ingenieur« hat im Deutschen die Herkunft »Baumeister«. Das ist es, denkt Hannes. Geschlechtsneutral verwendet, ergibt dies das Wort »Baumeistende«. Das passt. Weil es die Sicherheit heißt, müsste hier ebenfalls noch korrigiert werden. Kann Sicherheit mit sorglos umschrieben werden? Das müsste gehen, findet Hannes. Also beginnt der Satz neu »Sorglos-Baumeistende geben Weisungen …«

Jetzt muss noch die Unfallvermeidung ausgewechselt werden. Die ist im Moment noch weiblich, obwohl es der Unfall heißt. Aber die Vermeidung. Auch das kann man sachlicher ausdrücken, ist Hannes überzeugt. »Glück« ist im Grunde das Resultat einer Unfallvermeidung. Dann bleibt noch der »Fertigungsverantwortliche«. Das ist kein wirkliches Problem. Am besten schafft man die Schlusskontrolle ab und gibt die Weisungen gleich allen – das ist sowieso sicherer.

Statt

»Ein Sicherheitsingenieur gibt Weisungen zur Unfallvermeidung an den Fertigungsverantwortlichen.«

heißt der Satz neu

»Sorglos-Baumeistende geben Weisungen zum Glück an alle«.

Hannes ist stolz. Dieser Satz ist nun nicht nur gendergerecht, sondern würde sich auch glatt als zweiter Leitbild-Satz eignen. Schließlich sagt er irgendwie so unglaublich viel aus.

Strategie, Kultur, Wettbewerb: Hannes führt ein Unternehmen

15 Manager sind produktiv. Protokoll einer Geschäftsleitungssitzung

Montagmorgen, 8:00 Uhr. Hannes sitzt im Büro und bereitet sich auf die Geschäftsleitungssitzung vor. Es ist ein wöchentliches Ritual. Beginn 8:30 Uhr, Kaffee um 10:00 Uhr, offizieller Schluss 11:45 Uhr. Wegen der überfrachteten Tagesordnungsliste wird immer spontan die Kaffeepause gestrichen und faktisch ist keine Sitzung je vor 12:30 Uhr zu Ende gewesen. Deshalb genehmigt Hannes sich den Kaffee prophylaktisch noch an seinem Schreibtisch, aber einen Apfel wird er dann gleich bei der Sitzung zwischen den Zähnen knacken. Der Apfel zur Stärkung ist neu, früher war's Kuchen. Seit dem internen Programm »Fit for work« wählen die Geschäftsleitungsmitglieder die Zwischenverpflegungen gesundheitsorientiert aus. Es gilt schließlich, Vorbild zu sein.

Der Nicht-Lieblingsjob erreicht ihn

Mitten in den physischen und psychischen Vorbereitungen klingelt sein Handy – die Büronummer ist bereits auf das Sekretariat umgeschaltet. Sein Chef sucht ihn. »Könntest du heute das Protokoll der Sitzung führen? Frau Blatter ist krank. Weil du am wenigsten Tagesordnungspunkte hast, möchte ich dir diese wichtige Aufgabe übertragen. Du weißt doch, im Grunde ist der Protokollführer die wichtigste Person – neben dem Chef.« »Mach ich«, gibt Hannes leicht mürrisch zurück. Unwillig denkt er sich: »Ich muss ja. Von wegen ... die wichtigste Person ... eine plumpe Schmeichelei.« Hannes fühlt sich, verdonnert zum Protokollanten, eben gerade nicht als zweitwichtigste Person – weder bei der Sitzung, noch im Unternehmen.

Die Sitzung beginnt

Pünktlich – wie immer – begrüßen sich alle freundlich und der Chef eröffnet mit dem seit Jahren immer gleichen, offiziell-witzigen Spruch »Dann platzen wir mal«. Ein kurzes, inszeniertes Anwärm-Mitlachen und man setzt sich – wie immer – auf die gleichen Plätze.

Der Chef beginnt: »Ich möchte euch alle herzlich begrüßen«. Hannes schreibt mit und stolpert über das Wort »möchte«. Warum »möchte«? Er könnte es einfach tun. Soll Hannes beim ersten Punkt auf der Tagesordnung 1 »Begrüßung« nun »Absichtserklärung« schreiben? Zeit, um darüber nachzudenken, bleibt ihm keine. Zackig geht es weiter mit den Worten »wir haben heute eine sportliche Tagesordnungsliste«. Auch dieser Spruch ist immer derselbe, genauso wie das kalkulierte Lachen aller.

Die Tagesordnungspunkte werden durchgeackert

Der Verkaufsleiter präsentiert die Verkaufszahlen der vergangenen Woche. Diese sehen seit längerer Zeit mies aus. Seine Stimme war schon mit mehr Selbstbewusstsein getränkt. »Warum habt ihr nicht mehr Gas gegeben?«, fragt der Chef. Der Verkaufsleiter: »Die Marktsituation ist außerordentlich. Die Mitbewerber produzieren unterdessen fast ausschließlich in China und haben einfach bessere Preise«. Als Produktionsleiter rutsche ich unruhig auf meinem Stuhl hin und her, bevor es aus mit herausplatzt: »Wir arbeiten mit den Kosten bereits am unteren Limit. Ich kann nicht akzeptieren, dass wir plötzlich an den schlechten Verkaufszahlen schuld sein sollen«.

Der Chef greift ein und unterbindet die Schuldzuweisungen mit den Worten: »Man müsste halt schauen, wo wir Optimierungsmöglichkeit haben, damit wir kostenmäßig wieder etwas konkurrenzfähiger werden.« Alle nicken nonverbal und mit gemurmeltem »genau richtig«. Der Chef hat es wieder einmal auf den Punkt gebracht. Hannes protokolliert fleißig bis ihn der Ausdruck »man müsste halt ...« stocken lässt. In seinem Protokoll fehlt, wer was bis wann macht. Vielleicht ist auch diese Äußerung nur eine Absichtserklärung.

Die zweite Halbzeit beginnt

Wie erwartet ist man mit den Tagesordnungspunkten schnell in Verzug. Der Chef schlägt vor, ausnahmsweise auf die Kaffeepause zu verzichten. »Kein Problem«, hallt es aus der Runde. Der HR-Leiter gibt zu bedenken, dass man vielleicht eine ganztägige Sitzung planen könnte, um den Berg an unerledigten Aufgaben abzubauen. »Gute Idee«, ist das allgemeine Echo. Und der Chef präzisiert: »Das sollten wir angehen«. Hannes schreibt mit und überlegt sich »Absichtserklärung oder Ziel«?

In zügigem Stakkato takten sich die Geschäftsleitungsmitglieder durch die Geschäfte. Hannes beobachtet, wie einige offiziell am Tablet mitschreiben. Bei der Rückkehr in sein Büro wird er E-Mails von seinen Kollegen aus der GL erhalten, die sie am Vormittag geschrieben haben. Das lässt sich gut getarnt erledigen. Den Streber geben, aber E-Mails schreiben.

Noch ein paar Mal erwischt sich Hannes beim Gedanken »Absichtserklärung«. Er macht sich einen Sport daraus, Wendungen wie »man sollte« oder »man müsste« in einer persönlichen Statistik zu zählen. Siebenmal »man müsste« und einmal »man sollte«. Ach … immerhin 7:1 … war das damals ein Fußball-WM-Sommer in Brasilien …

Nach vier Stunden geschäftigem Sitzen, kommt der Chef zum Schluss: »Ich hoffe, dass Ihnen die Nachspielzeit nicht geschadet hat«. Auch immer der gleiche Spruch. Es ist 12:30 Uhr und der Chef verabschiedet sich mit dem üblichen Abgang: »Ich möchte mich herzlich bei Ihnen bedanken«. Und das wäre dann also auch die letzte Absichtserklärung des Vormittags gewesen.

16 Die Rede und das Motto

Lustlos sitzt Hannes vor dem Computer. Die Zeit drängt. Als CEO eines internationalen Industriekonzerns muss er die Belegschaft heute Nachmittag über die missliche, finanzielle Lage des Unternehmens informieren. Diese nicht wirklich frohe Botschaft übertrifft die Ankündigung, dass ein großer Teil der Produktion nach Asien verlegt wird.

Nicht zu förmlich bitte

»Meine Damen und Herren, ich trete heute vor Sie, um Sie über eine einschneidende Maßnahme in Kenntnis zu setzen«, beginnt Hannes zu tippen. »Vor Sie treten« – das hört sich doch sehr dramatisch an. Also direkter: »Meine Damen und Herren« – dies ist wohl etwas förmlich, ja fast schon distanziert, schießt es Hannes durch den Kopf. »Liebe Mitarbeiterinnen und Mitarbeiter«. Genau, das drückt Wertschätzung aus, das steht so im Leitbild. Also: »Liebe Mitarbeiterinnen und Mitarbeiter, ich informiere Sie heute über eine einschneidende ...« – Nein, das gefällt Hannes nicht. »Einschneidende Maßnahme« klingt, als ob wir den Betrieb schließen müssten. Dabei verlagern wir nur dahin, wo die Märkte sind. Im Grunde gehen wir näher zum Kunden. Genau, »Kundennähe« möchten wir. Das hört sich nicht nach Abbau, sondern nach Aufbau neuer Distributionskanäle an. Hannes gerät in Fahrt.

»Liebe Mitarbeiterinnen und Mitarbeiter. Ich freue mich, Sie über unsere neue Strategie für mehr Kundennähe zu informieren. Annäherung der Distributionskanäle ist ein Rezept, das allerdings auch Opfer fordert«. Nein, »Opfer« geht gar nicht. Change-Projekte sind »Chancen«. »Wir haben die einmalige Chance, uns mit der Neuausrichtung im Markt besser zu positionieren«. Ja, das passt. Es soll positiv klingen. Nichts soll an gesundschrumpfen erinnern, denn gesundschrumpfen würde bedeuten, dass wir vorher krank-gewachsen wären.

»Fokussierung auf die zentralen Kerngeschäfte« – ja, das muss rein. »Die Gründe für diese Neuausrichtungen sind vor allem Markteinflüsse aus Billiglohnländern«. »Markteinflüsse« – Hannes streicht das Wort, es erweckt den Eindruck von Fremdbestimmung. »Wir passen uns dem technologisch-demografischen Wandel an und sind in der Globalisierung ein aktiver Player«. Das ist gut. Hannes spürt, dass es richtig ist, solche frohe Botschaften persönlich zu kommunizieren.

Wohlklingende Adjektive

Das Rede soll noch angereichert werden mit ein paar wohlklingenden Adjektiven wie »nachhaltig«, »ergebnisorientiert«, »stufengerecht«, »win-win«, »optimiert«, »schlank« und unverzichtbaren Substantiven wie »State of the Art«, »Streitkultur«, »Denkanstoß«.

Wenn wir noch ein adäquates Rahmenmotto setzen, denkt sich Hannes, wird die Stimmung heute Nachmittag diejenige des Jubiläumsevents toppen. Hannes denkt nach. »Fit-for-Future«, das klingt gut. Abgekürzt mit »Fi-fo-Fu« wirkt es weltoffen mit passendem Asia-Touch. Als Häppchen schweben Hannes »Fi-fo-Fu«-Spieße vor, die den Zusammenhalt der Mitarbeiter nicht nur fördern, sondern auch symbolisieren. Wir kämpfen alle am gleichen Spieß, denkt er, stolz darauf, eine Redewendung gefunden zu haben. Mit diesen steht er nämlich normalerweise auf Kriegsfuß. Wir schlagen punktgenau zu, dass es den anderen schmerzt und die fettesten Stücke hängen bleiben. Hannes ist überzeugt, dass er einen rhetorischen Joke landet. Mit Fisch für »Fi«, Fohlen für »Fo« und Fuchs für »Fu« findet er nicht nur die passenden Fleisch-Ingredienzen zu dieser kulinarisch-psychologischen Metapher, sondern auch den Symbolgehalt für die Neuausrichtung: Fisch für Anpassung, Fohlen für dynamisch, energievoll und schnell, Fuchs für schlau. Hannes ist mit sich zufrieden.

Na geht doch

Auf dem Bildschirm steht nun: »Liebe Mitarbeiterinnen und Mitarbeiter, ich freue mich, Sie über unsere neue nachhaltige Strategie für mehr ergebnisorientierte Kundennähe zu informieren. Wir haben die einmalige Chance, uns mit einer stufengerechten Neuausrichtung im schlanken und optimierten Markt zu positionieren. Wir passen uns dem technologisch-demografischen Wandel an und sind in der Globalisierung ein aktiver Player. Dabei fokussieren wir vermehrt auf unsere Stärken und die zentralen Kerngeschäfte und schaffen mit dieser State of the Art eine Win-win-Streitkultur, die uns eine Kultur der permanenten Denkanstöße ermöglicht. Deshalb freut es mich, Sie getreu unserem neuen Motto »Fi-Fo-Fu« (Fit-for-Future) zu Fisch-, Fohlen- und Fuchs-Spießen einzuladen«.

Hannes schaut auf die Uhr – die Orientierung geht bald los und er muss noch den Fisch bestellen. Hoffentlich bekommt der auch allen.

17 Das neue Sparprogramm

Hannes' Befürchtung ist wieder einmal eingetroffen: nach der Geschäftsleitungssitzung am Montagmorgen ist nach seinem Empfinden wieder einmal er derjenige, der am meisten Arbeitsaufträge für die begonnene Woche abbekommen hat. »Immer ich«, denkt er, auch wenn er im Grunde solche Aussagen von seinen eigenen Mitarbeitern überhaupt nicht mag. Aber wenn er sich in dieser Rolle wiederfindet, ist das natürlich etwas ganz anderes. »Immer ich«, denkt er erneut, als der Vorsitzende vorschlägt, Hannes damit zu beauftragen, nach weiteren Kosteneinsparungsmöglichkeiten im Unternehmen zu suchen. Die anderen Kollegen der Geschäftsleitung stimmen dem Vorschlag zu. Die einzige Gegenstimme, diejenige von Hannes, vermag das demokratische Ungleichgewicht nicht zu kompensieren. Beim unausgesprochenen Tagesordnungspunkt, oder wie man bei uns in der Schweiz sagt, Traktandum »Arbeit verteilen« werden Kollegen zu Konkurrenten – egal auf welcher Hierarchiestufe.

Hannes kann nur verlieren

Hannes ist sich bewusst, dass Kosteneinsparungen für Organisationen ein anspruchsvolles Thema sind. Er kann nur verlieren. Findet er zu wenige Maßnahmen, beschleicht den Geschäftsführer der Verdacht, aufs falsche Spar-Ideen-Pferd gesetzt zu haben. Findet er genügend und griffige Maßnahmen, macht er sich bei allen Abteilungen unbeliebt, bei denen eben diese Maßnahmen angewendet werden. Die Zahl der potenziellen Feinde erscheint angesichts der aktuellen Finanzlage seines Unternehmens nicht gerade klein.

Die finanzielle Situation ist schon lange unerfreulich. Nach harten, einschneidenden, aber wirksamen Sparaktionen wie Produktion optimieren, Personal abbauen, Kosten der Lieferanten drücken, sind die großen Brocken bereits erfolgreich abgespeckt. Es gibt nicht mehr viele Bereiche, in denen nennenswerte Beträge eingespart werden können. Gleichwohl ist die finanzielle Schräglage des Unternehmens nach wie vor akut.

Hannes brütet. »Wo können wir sparen, ohne dass es weh tut?« Genau das wäre der Schlüssel für einen persönlichen Erfolg in diesem Kosteneinsparungsprojekt, doch dabei durchzuckt es ihn. Klare Einsparungen, ohne dass er es mit der Belegschaft oder mit seinen Führungskollegen verspielt. Das erscheint fraglich.

Hannes kopiert das System von den Vögeln

Hannes hängt seinen Gedanken nach und erblickt im Innenhof des Firmengebäudes einen Vogel – einen echten, lebendigen Vogel wohlgemerkt. »Genau – der Vogel ist mein Vorbild«. Dieser holt sich seine kleinen Körner an vielen Plätzen, nirgends fehlen sie, trotzdem wird der Vogel satt. Dabei erinnert er sich an den Leitsatz seines Hochschullehrers, der immer predigte »Kleinvieh macht auch Mist«. Da war sie also, die Lösung für sein Problem. Im aktuellen Kontext seiner Firma konnte die Suche nach kleinen Samenkörnern zur Kosteneinsparung nur bedeuten, mit Akribie den Büroalltag und die Abteilungen zu durchforsten. Ausgestattet mit der Kamera seines Handys macht Hannes sich sogleich auf die Suche durch seinen Büroalltag, durch die Gänge, durch die Abteilungen, in die Zentrale und die Betriebskantine. Überall findet er Sparkörner.

Hannes berechnet die Details

Etwa die Kaffeemaschine. Wenn der Kaffee mit etwas mehr Druck in die Tassen katapultiert wird, ähnlich dem Tankvorgang in der Formel 1, sparen wir Zeit. Hannes notiert: Bei rund zweitausend Kaffeeausgaben pro Tag und einer eingesparten Sekunde pro Ausgabe ergibt dies zweitausend Sekunden pro Tag, 440.000 Sekunden pro Jahr oder 122 Arbeitsstunden. Beinahe ein Monatspensum. Wenn zusätzlich zwei Kaffeetassen gleichzeitig abgefüllt werden, ergibt es zwei Monate.

Hannes geht aufmerksamen Schrittes durch die Gänge und gelangt zu den Toiletten. Ein leider allzu beliebter Aufenthaltsort, an dem wertvolle Arbeitszeit verloren geht. Einfache Lösung: Die Toiletten müssen unattraktiver gestaltet werden. Schnellere Spülvorgänge, den Timer beim Händetrockner eine Sekunde kürzer einstellen, die automatische Beleuchtung am stillen Orte lässt sich auch etwas dimmen und vor allem die Zeitspanne für eine eingeschaltete Beleuchtung lässt sich verkürzen: »Da ist Potenzial von sicherlich noch einem Monat an Arbeitsstunden pro Jahr«.

Hannes wird kreativ

Stolz, Maßnahmen gefunden zu haben, die niemanden schmerzen und gleichwohl Kosten senken dürften, wird Hannes noch kreativer. Den Aufzug kann man beschleunigen, der quittierende Pieps der elektronischen Arbeitszeitkontrolle könnte entfallen, weil die Leute dort sowieso zu lange stehen bleiben. In völlig neue Dimensionen der Effizienz wird vorgedrungen, wenn jeder Arbeitsplatz mit schnelleren Computermäusen ausgestattet wird. Der Katalog der Einsparpotenziale wächst und Hannes rechnet die eingesparten Sekunden fein säuberlich in gesparte Personen-Mann-Tage um.

Wenn man nun noch mit dem Bäcker der Pausenbrötchen ein Abkommen schließt, dass er zwei Prozent mehr kostenlose Luft im Mehl verwendet und dafür die Semmeln zwei Prozent günstiger bäckt, erreicht Hannes Maßnahmenkatalog schon fast strategische Ausmaße. Sein Triumph bei der nächsten Geschäftsleitungssitzung scheint ihm sicher. Mit siegesgewissem Lächeln und zufrieden über seine eigene Cleverness beginnt er seine Präsentation vorzubereiten.

Um fundiert zu argumentieren, wiegt Hannes die Einsparungen gegen das auf, was seine Recherchearbeiten und die Aufwände wie »Verhandeln mit dem Bäcker«, »Neuinstallation der Hochkompressor-Kaffeemaschinen-Pumpe« kosten. Hannes staunt über die Zahl, die recht hoch ist. »Aber wer etwas erreichen will, muss auch investieren.« Trotzdem: Die eingesparte Zeit minus gerechnete Aufwandszeit ergibt ein Ergebnis von total 381.741 Sekunden pro Jahr. Macht ziemlich genau einhundert Stunden. Bei einer Belegschaft von zweitausend Personen macht das stolze 0,26 Prozent.

»Na ja ... man kann vielleicht bei den Planungsarbeiten noch etwas einsparen, indem beispielsweise die Worte in der Präsentation nicht ganz ausgeschrieben werden.

18 Innovative Spesenregeln

In Hannes Unternehmen gilt nach wie vor etwas als besonders gute Innovation, wenn gespart wird. Ursprünglich hat er zwar mal gelernt, dass »Innovation« von »Neuerung« oder »Erneuerung« kommt. Aber der Zeitgeist lehrt eine innovative Interpretation: »Innovation« wird heute ziemlich direkt mit »Sparmaßnahmen« übersetzt.

Die HR-Abteilung wurde angehalten, für das zweite Semester neue Vorschläge zu erarbeiten. »Innovatives Spesenmanagement« lautet der Arbeitstitel. Das dem Substantiv vorangestellte Adjektiv offenbart sich erwartungsgemäß als »wo kann man die Sparschraube noch etwas stärker anziehen«. Jahrelang galt die Devise »an den Punkten zu sparen, wo es niemandem weh tut, aber viel bewirkt«. Heute hat sich der Paradigmenwandel unausgesprochen und schleichend zu »dort sparen, wo es weh tut aber nichts bringt« vollzogen.

Im Detail sieht das eindeutig aus

Heute kam die konkrete Weisung, dass innovative Ideen in der Spesenregelung und Aufwandsentschädigung umgesetzt werden. Davon ist Hannes Abteilung stark betroffen. Seine Montageleiter installieren die produzierten Maschinen ja meistens auswärts beim Kunden. Das kann schon mal recht weit weg sein.

Da ist das verrechenbare Mittagessen noch das Kleinste. In Zukunft wird die Entschädigungspauschale für Mittagessen auf unter 6 Euro zusammengestrichen und nur noch in Notfällen ausbezahlt. Als Notfall wird definiert, wenn zwischen dem Kundenauftrag »komm zu mir« bis zur Abreise weniger als eine Stunde vergeht. Steht mehr Zeit zur Verfügung, können – ab sofort neu – im Personalrestaurant Lunch-Pakete abgeholt werden. Die

Außendienstler erhalten dort ihre Papiertasche mit einer Semmel, einer vakuumverpackten Bockwurst und einem Schoko-Riegel. Im Winter gibt's wegen der Vitamine noch einen Apfel dazu. Wasser für die mitgelieferte, leere PET-Flasche kann sich jeder in der Toilette selbst abfüllen.

Da liegt doch einiges drin. Vor allem auch bei Auswärtsübernachtungen. Die Zeiten von Vier-Sterne-Hotels mit Frühstück sind sowieso längst vorbei. Jetzt wird auch das Frühstück gestrichen. Jeder erhält einen Wasserkocher mit auf den Weg, mit dem er sich einen Pulverkaffee selbst zubereiten kann. Übernachtungsmöglichkeiten sind bei Privatanbietern über Airbnb.com zu suchen und zu buchen. Empfohlen werden Übernachtungen mit Familienanschluss. So kann zusätzlich mit dem Kinderhütedienst ein Teil des Übernachtungsentgelts abgegolten werden.

Auch die Reise wird innovativ entschädigt

Dass sich Reisen auf das Unvermeidbare beschränken sollen, liegt auf der Hand. Auch, wenn möglich, Fahrgemeinschaften zu bilden, war schon immer vorgeschrieben. Hier gibt es kaum noch Potenzial. Am ehesten noch, indem für die Reise idealerweise Tage ausgesucht werden, an denen Rückenwind herrscht. Damit kann locker pro einhundert Kilometer rund 0,02 Liter Treibstoff eingespart werden.

Flugreisen gibt es nur noch mit Billiganbietern. Ein Mitarbeiter ist damit beschäftigt, in Tageszeitungen diejenigen Airlines ausfindig zu machen, die kurz vor dem Nachlass stehen. Bei denen sind Preisverhandlungen oft Erfolg versprechender als bei der hoheitlichen Lufthansa.

Alles in allem wird festgehalten, dass die Arbeitszeit, die für die Mehrarbeit im Rahmen der neuen innovativen Spesenregelung anfallen (Flugpreisverhandlungen, Lunchpakete richten, Kinder im Airbnb hüten und so weiter), ausschließlich in Daunen ausbezahlt wird, mit denen eine Decke gefüllt werden soll, die mittelfristig die Airbnb-Übernachtungen ablösen wird.

Innovation ist ja immer auch ein Blick in die Zukunft …

19 Unternehmenskultur oder die Sache mit den internen Kunden

Hannes Unternehmen hat sich für dieses Jahr die »Förderung der Unternehmenskultur« auf die Fahne geschrieben. Dazu wurden in einem Kaderworkshop kurz vor Weihnachten in einem abgelegenen Berggasthof Quartalsmottos entwickelt und festgelegt. Daraus ergeben sich pro Abteilung konkrete Maßnahmen, die umgesetzt werden müssen, sollten oder zumindest angedacht sind. Als Geschäftsleitungsmitglied trägt Hannes diese Bemühungen natürlich nach vollsten Kräften mit.

Das Quartalsmotto

An der heutigen Sitzung der Geschäftsführung fiel der Startschuss für das neue Quartalsmotto. Man einigte sich auf den bereits vorformulierten Vorschlag »Jeder ist ein Kunde – auch der interne«.

Für Hannes Abteilung – wie für alle andern auch – bedeutet das, nun Maßnahmen zu entwickeln und umzusetzen, mit denen die interne Kundenzufriedenheit gefördert wird. Seine Abteilung muss sensibilisiert werden, dass der Kollege aus der Personalabteilung nicht mehr ein »Kollege«, sondern ein »Kunde« ist. Dass man sich nicht mehr beim Kollegen im Produktmanagement »beklagen« darf, sondern ein »Verkaufsgespräch mit nutzenorientierten Argumenten und positiven Formulierungen« vorbereiten muss. Um die Sensibilisierung zu unterstützen, soll der Stolz der Abteilung auch auf die anderen Abteilungen ausstrahlen. Dazu braucht es einen neuen Auftritt. Denn der »Kunde« soll ja wissen, dass man gerne für alle »Kunden« arbeitet.

Umsetzungsvorschläge Teil 1

Hannes widmet sich seiner Lieblingsbeschäftigung: Er schreibt ein Konzept. Nach der gewohnt zaghaften Anfangsphase, gewinnt die Ausarbeitung, oder wie es bei uns in der Schweiz so schön heißt »das Elaborat« an Substanz und Klarheit. Als erstes will Hannes seinen Mitarbeitern in einem Workshop eintrichtern, dass Telefonanrufe ab sofort nicht mehr bloß mit einem unverbindlichen »Hallo« oder salopp mit dem eigenen Namen entgegengenommen werden. Selbst wenn im Display der Name des Hausmeisters erscheint, gilt es »Herzlich willkommen bei der Produktionsabteilung der Firma xx, mein Name ist Hans Muster, was kann ich Positives für Sie tun?« zu sagen. Immer.

Bei der Bekleidung muss ebenfalls ein Scheit nachgelegt werden. In der Produktionshalle ist klar, dass Mitarbeiter und Teamleiter in der Fabrikationskleidung arbeiten. Ab sofort soll zusätzlich ein knalliges Logo auf dem Rücken und auf der Brust ein Smiley mit dem Schriftzug »Quality and fun – Ihre Produktionsabteilung« prangen. Dazu erhält jeder eine schicke Überzugsjacke für den Besuch der Betriebskantine. Mit solch einem einheitlichen Look und leuchtenden Farben hebt sich die Produktionsabteilung deutlich und sehr positiv von anderen ab. Um die Wirkung nach außen zu erhöhen, geht niemand mehr alleine in die Mittagspause. Mindestens sechs Personen müssen es sein, die sich unmittelbar hintereinander in die Reihe stellen und gemeinsam am Tisch sitzen. Das macht – ab sofort dann auch optisch – einen starken – ja noch stärkeren – Eindruck.

Zusätzlich soll ein wöchentlicher Newsletter an die anderen Abteilungen gehen. Neben den neuesten Zahlen aus der Produktion, wird ihn jeweils eine Personality-Story über das Hobby eines Mitarbeiters zieren. In schönem Layout, professionell von einem Journalisten geschrieben und einem Top-Fotografen in Szene gesetzt. Hier darf nicht gespart werden! Schließlich geht es um einen harten, internen Markt. Wer die Konkurrenz ist, weiß Hannes zwar noch nicht, aber man soll sich immer so verhalten, als hätte man reihenweise Konkurrenten. Das kostet zwar Geld, tut aber gut. Nur wer es schafft, sich im Wettbewerb zu behaupten, beherrscht den Markt!

Umsetzungsvorschläge Teil 2

Zu guter Letzt braucht die Abteilung ein schickes Logo. Hammer und Sichel ist besetzt – aber eine stilisierte Schubkarre passt. Sie symbolisiert Offenheit, Kraft, Bewegung und das Anpacken. Genau das ist die Botschaft.

Hannes hat sich bereits von einer externen Firma beraten lassen. Die hat ihm mit auf den Weg gegeben, dass es sich lohnt, regelmäßig Kundenanlässe zu organisieren. Also will Hannes Produktionsbesichtigungen für alle internen Stellen abhalten, anschließend eine kurze Feier, bei der er sich natürlich nicht lumpen lassen will. Sozusagen internes Customer-Relationship-Management im betucht-dekadenten Sinn.

Hannes sprüht vor Ideen. Er entwirft noch ein neues Design für eine Power-Point-Vorlage, ein einheitliches Wording für Reklamationen, legt fest, dass sich alle Mitarbeiter verpflichten müssen, nicht nur jeden Morgen zu duschen, sondern auch mit frisch gereinigtem Privatwagen vorzufahren und beschließt regelmäßige Kundenzufriedenheitsumfragen. Jede Woche werden ab sofort also sämtliche andere Abteilungen telefonisch befragt, wie zufrieden sie mit der internen Dienstleistung sind.

Die Rentabilität zählt erst nächstes Jahr

Als studierter Betriebswirt weiß Hannes, dass das alles Geld kostet. Er zählt zusammen, rechnet hoch und kommt auf ordentlich sportliche Zahlen. Im ersten Moment wird ihm leicht mulmig – doch wer glänzen will, muss lackieren. Wer intern den besten Eindruck schinden will, muss Geld in die Hand nehmen. Was der Mehrwert für das Unternehmen ist? Nun, diese Frage wird wohl nächstes Quartal aufs Tablett kommen. Dann ist nämlich geplant, auf das Motto »Wir tun nur das, was wichtig ist, dafür das richtig gut« zu setzen.

20 Das neue Raumkonzept »Büroptima«

Hannes hat es kommen sehen. Auch sein Unternehmen führt Großraumbüros mitsamt einem neuen Büro-Konzept ein. Die Zweierzellen beziehungsweise Einzelbüros für Vorgesetzte weichen einer modernen, kommunikativen und offenen Bürokultur. Farblich nach Feng-Shui abgestimmt, mit einem Raumdesign von einer renommierten Büro-Kunst-Designer-Agentur. Die Beleuchtung wurde von fünf Spezialisten während drei Wochen ausgetüftelt und mündet in ein veritables Luminationskunstwerk. Das Licht soll Wärme ausstrahlen, die Konzentration fördern und möglichst unauffällig präsent sein, die Mitarbeiter unbewusst durch die richtigen Gänge lotsen und gleichzeitig dem modernsten Energiesparlevel entsprechen.

Kosten spielen keine Rolle

Das Unternehmen hat sich die neue Bürokultur etwas kosten lassen. Das Mobiliar erfüllt selbstverständlich höchste Ansprüche an Energetik und Ergonomie. Dank den farbenfrohen Tischplatten soll Arbeiten nicht nur Spaß machen, sondern die Leute geradezu physisch am Arbeitsplatz festhalten. Die Geschäftsleitung ist überzeugt, mit dieser zugegebenermaßen nicht unbescheidenen Investition den Schritt in die Zukunft zu machen. Klar, neue Produkte zu entwickeln, wäre auch notwendig, die angepasste Distributionslogistik steht schon lange auf der To-do-Liste, aber man kann ja nicht alles auf einmal machen.

Die schwierige Umsetzung

Während der wöchentlichen Geschäftsleitungssitzung hat Hannes den Auftrag erhalten, das Büro-Konzept im Detail umzusetzen und die fehlenden Einrichtungsmittel zu beschaffen. Zudem soll er die Pläne für die neue Sitzbelegung ausarbeiten und das Reglement für die moderne Nutzung zeitgemäßer Büroinfrastruktur in verständlicher Form aufsetzen. Hannes macht sich wie gewohnt strukturiert und akribisch an die Arbeit. Nichts soll dem Zufall überlassen werden.

Er entwirft einen Schlüssel, mit dem sämtliche Diskussionen wie »Kollege x hat mehr Platz und Tageslicht« im Keim erstickt werden. Transparent wird er darüber informieren, dass das Jahres-Bruttogehalt in Euro dividiert durch den Wert 7.000 den Anspruch in Quadratmeter pro Arbeitsplatz ergibt. Das müsste aufgehen, wenn man die jetzigen Einzelbüros in sogenannte Begegnungsräume umfunktioniert. Sitzungen sollen ja nach wie vor irgendwo abgehalten werden. Hier gilt die Regelung: Die Anzahl Belegungsstunden pro Woche ergibt die Quadratmeterzahl des Raumes, der benötigt wird. Damit ist die räumliche Aufteilung auf solidem Fundament.

Top-Technik in den Begegnungsräumen

Die Begegnungsräume werden selbstverständlich nach neuesten Erkenntnissen der Meeting-Kultur ausstaffiert. Die Licht- und Animationstechnik in diesen Räumen, die auch für interne Kurse benutzt werden, muss modern sein. Zwar ist dann ohne technische Grundkenntnisse eines mittleren Schulabschlusses in Elektronik das Licht nicht mehr anzumachen, aber Abstriche muss man schließlich in Kauf nehmen. »Ein – aus« war gestern – heute gilt »Programm 1 bis 14 mit zusätzlicher Dimmer-Funktion A bis F«, bedienbar über den Touchscreen vorne im Raum, der über den Hauptschalter im hinteren Bereich aktiviert wird.

Logischerweise ist dieses Bedienungsboard an die Funktion der Sonnenstore gekoppelt. Denn es ist völlig ausgeschlossen, dass man die Jalousien herunterlassen will, ohne gleichzeitig den

Beamer einzuschalten. Falls dies doch einmal der Fall sein sollte, gibt Hannes den Tipp, den Beamer einzuschalten, auf den darunter stehenden Tisch zu steigen und mit einer Pinnwandkarte die Linse abzudecken. So bleibt der Beamer dunkel, die Rollläden sind unten und das zentrale Infrastruktur-Nervensystem erleidet keinen technischen Absturz. Allenfalls fällt die Beamer-Lampe dem Hitzetod zum Opfer.

Das Teilprojekt »Clean-desk«

Nun kommt Hannes zu einem heiklen Kapitel. Mit der neuen Einrichtung wird gleichzeitig Clean-desk eingeführt. Es dürfen keine persönlichen Gegenstände der Mitarbeiter an den Arbeitsplätzen sein und auch keine Büro-Geräte auf dem Tisch verweilen, die nicht zwingend benötigt werden. Konkret darf nur derjenige einen Locher auf dem Tisch stehen haben, der pro Tag mindestens dreißig DIN-A4-Seiten lochen muss und mindestens ein 80 Prozent Pensum mit wiederum mindestens 60 Prozent Büro-Präsenz hat.

Hannes sinniert über die nun fehlenden privaten Fotos auf den Schreibtischen. Daran ist so schön abzulesen, in welcher Lebensphase der einzelne Mitarbeiter steckt. Zwischen dem zwanzigsten und dreißigsten Lebensjahr stehen die Fotos der Freundin oder Ehefrau auf dem Tisch, zwischen dem dreißigsten und vierzigten die Kinder und zwischen dem vierzigsten und fünfzigsten die Aufnahme der neuen Harley-Davidson, bevor mit fünfzig dann das Foto mit Sonnenuntergang Einzug hält.

Ja, Hannes bedauert es, auf die Fotos verzichten zu müssen, zumal er einen wirklich schönen Sonnenuntergang von seiner Frau zum Geburtstag erhalten hat.

21 Die Crux mit dem Öko-Label

»Auch das noch«, denkt sich Hannes. Wieder einmal ist ihm bei der Geschäftsleitersitzung ein Detailkonzept aufgehalst worden. Das Unternehmen hat die Umsetzung einer neuen Teilstrategie beschlossen. Neben den klassischen Erfolgsfaktoren, will man sich ab sofort das Thema »Nachhaltigkeit« auf die Fahne schreiben. Nach langem Hin und Her, soll nun endlich das internationale Ökolabel angestrebt werden. Damit der Kunde weiß, dass hier nicht nur gut, sondern auch nachhaltig und biologisch gearbeitet wird.

Die Auswirkungen im Alltag

Selbstverständlich sind die großen Brocken bereits umgesetzt. Dass die Produktion möglichst energiearm läuft, ist Vorschrift. Dass das Entsorgungskonzept der Nachhaltigkeit unterliegt, ist weder neu, noch freiwillig. Im Alltag aber gibt's noch Potenzial. Hier soll der Hebel angesetzt werden. Denn Ökologie gehört nicht nur in die Fabrikationshallen, sondern in den Alltag aller betrieblichen Detailabläufe. Erst dann erreicht man das Bewusstsein der Mitarbeiter und schließlich der Kunden.

Hannes ist etwas ratlos. Uninspiriert sitzt er am Computer, hat ein Word-Dokument geöffnet, Titel gesetzt und den Platz für Illustrationen bereits ausgespart. Aber nun klemmt's.

Er steht auf und geht ein paar Schritte auf und ab. Bewegung bringt schließlich auch das Gehirn in die Gänge. Also raus aus dem Büro. Die besten Ideen springen einen oft dann an, wenn man einfach nur durch die Korridore schlendert ... Das hat Hannes wiederholt erlebt.

Die Suche nach Möglichkeiten

Gedanklich beginnt er mit den ersten Notizen. Dass die Standby-Funktion des PCs etwas früher einsetzen kann, damit hat er sich schon beschäftigt. Aber wie wäre es, wenn die Bildschirmdarstellung etwas unschärfer und kleiner wäre? Das würde sicher Strom sparen. Er notiert im Geiste weiter. Dass die Mikrofasertücher, die für die kleine Reinigung zwischendurch an jedem Arbeitsplatz liegen, viel Chemie enthalten, ist so gut wie sicher. Also: »Mikrofaser-Tücher durch Woll-Lappen aus einheimischer Produktion ersetzen«.

Hannes ist überzeugt, dass gerade mit zahlreichen Detaillösungen der entscheidende Effekt erreicht wird und die Mitarbeiter für das Thema sensibilisiert werden.

Dass die Abwärme des PCs und des Druckers für die Kaffeemaschine genutzt werden kann, ist sinnvoll – er weiß nur noch nicht genau, wie es sich technisch umsetzten lässt. Aber sicher findet sich jemand, der das in die Hand nimmt. Wozu gibt es denn Experten?

Toiletten sind Herde von Energieverschleiß. Warum muss der Raum so hell beleuchtet sein? Wer sich dort nicht blind zurecht findet, ist nicht wach genug und hat im anspruchsvollen Geschäftsalltag sowieso nichts verloren. Energiesparlampen sind gut – aber keine Lampe ist noch besser. Zudem hat die Toilette ein Fenster. Dieses lässt genügend Licht herein. In den Wintermonaten ist daran zu denken, sein Geschäft besser vor Einbruch der Dunkelheit nochmals zu erledigen, damit die Blase bis Feierabend durchhält.

Die Kaffee-Ecke hat ebenfalls ökologisches Potenzial. Kaffeemaschinen werden schon länger auf Stand-by gesetzt. Aber der zeitliche Ablauf kann optimiert werden: Heißer Kaffee ist nur zwischen neun und zehn Uhr erhältlich. Die ausgeworfenen Kaffee-Pads werden im Schnellverfahren verbrannt und deren Abwärme für die Zeitperiode von elf bis zwölf Uhr in Strom gewandelt. »Eine innovative und visionäre Idee«, ist Hannes überzeugt und lächelt zufrieden vor sich hin.

Die innovativen Details machen den Unterschied

Die Zeitungen in der Betriebskantine haben am Abend ihren Zweck erfüllt und landen in der Entsorgung. Hier sollte überlegt werden, ob und wie diese anfallenden Papierkilos nochmals zu verwenden sind. Zum Beispiel als Saugpapier im Entfeuchtungsapparat im Serverraum. Oder kunstvoll gefaltet als Einweg-Handyhülle, um auch bei jenen Geräten die Langlebigkeit zu fördern – ohne profan-giftige Kunststoffhüllen, sondern in ökologisch hochwertigen Schutzhüllen.

Hannes kommt in Fahrt. Es macht ihm Spaß, an Details zu feilen und innovative Lösungen zu finden. Er notiert Stichworte und zählt die Ideen. Sämtliche Produkte aus der Produktion sollen mit einem grünen Punkt versehen werden, damit die Kunden die Bemühungen wirklich wahrnehmen. Hannes' Fantasie befeuert einen weiteren innovativen Vorschlag: Im Eingangsbereich des Unternehmens soll Vogelgezwitscher durch ein Quadrophonie-Lautsprecher-System eingespielt werden. Die Energie dafür wird auf dem Dach gewonnen, im hauseigenen Kraftwerk, das mit dem gesammelten Kot der echten Vögel gespeist wird.

Potenzial sichtet Hannes auch in der Betriebskantine. Selbstverständlich sollen alle Speisen aus heimischer Produktion stammen. In einer Übergangsphase wird »heimisch« so definiert, dass die Lebensmittel aus einem Land stammen, aus dem mindestens ein Mitarbeiter kommt. Bei fünfundzwanzig verschiedenen Nationen muss man sich so ja nicht allzu stark einschränken.

Zu guter Letzt soll in der Raucherecke im Innenhof der Rauch als Abluft gesammelt eine Miniturbine antreiben. Diese wiederum wird genutzt, um die grünen Aufkleber für die Produkte zu stanzen. Ökologie setzt voraus, vernetzt und in komplexen Systemen zu denken und zu handeln.

Nun gut – das papierlose Büro lässt noch auf sich warten. Aber schließlich muss das Konzept auch ohne Energie an allen Arbeitsplätzen lesbar sein. Und dafür braucht es beim besten Willen bedrucktes Papier.

22 Die DSGVO: Dafür hat man doch nicht auch noch Zeit!

Hannes Unternehmen steht mitten im Umbruch. Die Digitalisierung fordert alle bis aufs Letzte. Gleichzeitig nagt der Fachkräftemangel an den Ressourcen. Und die Marktsituation lädt auch nicht gerade zum Platz Nehmen und Genießen ein. Mit anderen Worten: An allen Fronten herrscht gleichzeitig Hochbetrieb. Und über all dem kreist der Geier namens Kostendruck, der die besagten Themen nicht schön verpackt, sondern ihre Brisanz quadriert.

Schwerwiegende Konsequenzen

Alle personellen, finanziellen und betrieblichen Ressourcen sind bis auf den letzten Strich ausgereizt, wenn nicht sogar darüber hinaus verplant. Und in diese Phase platzt die DSGVO hinein. Klar, platzen mag übertrieben sein, da die Verordnung ja schon zwei Jahre in Kraft ist. Nur: Die Übergangsfrist war noch nicht um. Soooo überraschend kam es also nicht. Aber wer am 25. Mai 2018 begann, sich damit auseinanderzusetzen, für den kam der ominöse 28. Mai 2018 dann doch ziemlich plötzlich. Und völlig unabhängig davon, ist das Thema Datenschutz natürlich immer wichtig. »Ja was sollen wir denn noch alles bewältigen«, denkt sich Hannes, der bis zuletzt gehofft hatte, dass dieser Kelch doch noch an ihm vorübergeht.

Als er die Weisung der just für diesen Anlass aus dem Boden gestampften Compliance-Abteilung liest, spürt er, dass er als Produktionsleiter durchaus DSGVO-relevant ist. Also liest er das Schreiben aufmerksam und denkt über die Konsequenzen der konsequenten Anwendung nach. Und wie in solchen unklaren Fällen gewohnt, startet er sein Word, beginnt die Klärungsbaustellen aufzuschreiben und speichert das Ganze erst einmal ab unter »DSGVP Produktionsleitung – Umsetzung im Alltag«.

Der Plan

Um überhaupt irgendwie anzufangen, durchforstet Hannes erst einmal seine Datenbank. Dort findet er die Geburtstage seiner Mitarbeiter, die eigentlich nur der HR-Abteilung zugänglich sein dürften. Soll er diese jetzt aus seiner Excel-Liste löschen? Dann könnte er aber künftig den Mitarbeitern keine Geburtstagswünsche mehr überbringen. Er müsste wohl einen Antrag ans HR stellen, dass er jeweils nur für den Folgemonat die Geburtstagstermine erhält, um rechtzeitig ein kleines Geschenk zu besorgen. Aber vielleicht findet er ja noch eine Gesetzeslücke. Wenn begründet und geklärt, darf er die Geburtstagsdaten haben, muss den Betroffenen aber jederzeit nachweisen können, wo und wie diese gespeichert sind, wer Zugriff darauf hat, und notfalls, wenn ein Mitarbeiter das partout nicht möchte, muss er diese sofort und vollständig löschen. Okay.

Hannes ist erst einmal glücklich, dass er sich einen solchen Passus zurechtlegen kann. Oder sollte er die Geburtsdaten doch lieber löschen? Was, wenn ein Mitarbeiter von ihm einen Geburtstag wissen will? Darf er diesen dann herausgeben? Ach, das ergibt doch alles keinen Sinn. Also: streichen. Im Zuge der Sparmaßnahmen aber auch die Geschenke. Schließlich muss der Mehraufwand für die Klärung dieser Verordnung auch bezahlt werden. Compliance-Korrektheit durch Verzicht auf Geburtstagsgeschenke.

Hannes überlegt weiter. Er kennt von vielen Mitarbeitern und sogar von allen Bereichs- und Teamleitenden die Hobbys. Mist! Er weiß von Carsten, dass er gerne segelt, dass Jutta einen sechsjährigen Pudel hat, von Bruno, dass er im Internet Glückspiele macht. Das geht nicht. Das sind persönliche Daten, die man nicht haben darf. Oder?

Die Frage kreist in Hannes Kopf: »Ich habe diese Informationen doch nur im Kopf gespeichert?« Er liest in der Weisung nach und sieht, dass die Hardware für Datenspeicherung nicht eingeschränkt ist. Das bedeutet, dass sie für Cloud-Systeme, CRM-Software, Festplatten und gar Karteikarten aus Papier gilt.

Die größte Herausforderung: das Gehirn

Wenn Karteikarten aus Papier als Datenträger gelten, wird wohl das menschliche Hirn auch darunterfallen. Für Hannes ist das Urteil klar: Er darf nicht wissen, was er über die Mitarbeiter weiß. Das Wissen mag zwar im Umgang empathisch wirken, ist aber illegal.

Aber wie vergessen? Das ist nicht ganz einfach. Seminare für Gedächtnistraining gibt es zuhauf, aber eines, um zu vergessen? Er kämpft sich durch Literatur und plötzlich purzelt ihm ein Satz vors Auge: Vergessen kann nur, wer den Datenträger (sprich Gehirn) durch genügend neue Daten, die vermeintlich wichtiger sind, überschreibt.

Hannes ist erleichtert. Er beginnt sofort. Er lernt sämtliche amerikanische Präsidenten mit Namen und Amtsjahren auswendig, verinnerlicht sämtliche Torschützen der letzten Fußball-WM und paukt das Alphabet auf Mandarin. Ist das wichtiger als die Hobbys der Mitarbeiter? Wenn man in China in den Ferien ist, auf jeden Fall. Und vielleicht hat er ja auch wieder einmal geschäftlich dort zu tun … vielleicht ja wenn der Partner aus China Geburtstag hat. Wann war das noch einmal?

23 Reorganisation ist unumgänglich

Das Unternehmen von Hannes hat einmal mehr eine größere Reorganisation hinter sich. Offiziell redet man von »Neuausrichtung und Anpassung an die neuen Marktbedürfnisse«, »fit machen für die Zukunft« und »sich neu aufstellen, um noch schneller in einem immer komplexer werdenden Markt vorne mitzuspielen«.

Nach interner Leseart werden aufgrund der miserablen Kostenstruktur Teilbereiche abgebaut und das Leistungsangebot eingeschränkt. Wie schon einige Male in den letzten Jahren.

Diesmal greift der Wandel aber tiefer in die Strukturen ein. Vertikalisierung und Schnittstellenoptimierung heißen nichts anderes, als dass alles effizienter und effektiver werden soll. Die Servicebereiche »Kundendienst«, »Verkauf« und »Personalentwicklung« werden aufgehoben, die Produktbereiche in eigene Geschäftsbereiche aufgegliedert. »Kundendienst« bis »Personalentwicklung« wird dort neu irgendwie stattfinden. Der Zweck: Alles wird kontrollierbarer und die Kosten sind klarer zuzuteilen. Als Nebenprodukt haben die Kunden pro Bereich nur noch einen Ansprechpartner – wenigstens offiziell.

Eine neue Matrix soll helfen

Das Umdrehen der Matrix-Organisation, mit der im Grunde keine einzige Schnittstelle beseitigt wird, bloß die Funktionslinien sich an anderen Orten kreuzen, zieht nach sich, dass die Prozesse neu aufgesetzt werden müssen. Die Funktion »Prozessverantwortung« obliegt neu der Produktionsleitung von Hannes.

Er setzt sich hin und beginnt beim Einfachen. Er zeichnet den Ablauf einer Reklamation nach. Das Wort »Reklamation« wird allerdings nicht mehr verwendet. Neu heißt es jetzt »konstruktive

Kundenreaktion«. Damit wird das Positive betont und dem Satz aus dem Leitbild »Reklamationen sind Chancen« neues Leben eingehaucht.

Hannes lädt sich die Software zum Zeichnen der Prozesse neu herunter. Bereits bei »Kunde ruft an« lauert die erste Hürde. Es gibt keinen zentralen Kundendienst mehr. Ab sofort behandelt jeder Bereich die konstruktiven Kundenreaktionen selbst. Denn schließlich soll jeder Kunde nur noch einen Ansprechpartner haben. Derjenige, der das Produkt verkauft hat, soll auch geradestehen, wenn es nicht funktioniert.

Die Reklamation wird zum Musterprozess

Nochmals von vorne: »Kunde ruft an«. Die Hürde wird gemäß dynamischen Gepflogenheiten mit einer Warteschleife gemeistert. Der Kunde erhält die Ansage »Please hold the line – das Gespräch kann zu Qualitätszwecken aufgezeichnet werden« und anschließend die Einladung »für eine konstruktive Kundenreaktion zum Produkt A wählen Sie die 1, zu B die 2« und so weiter. Um niemanden zu diskriminieren, muss man zum Schluss noch »mit der Zusatzzahl 7 für Deutsch, 8 für Englisch, 9 für andere Sprachen« der Diversität gerecht werden.

Das passt. Hannes macht eine Zwischenspeicherung. Nach dieser Einteilung landen die Kundenanfragen nun bei der Produktdivision. Aber bei wem? Die vier Stellen aus dem aufgehobenen Kundendienst wurden auf die sechs Divisionen aufgeteilt. Somit sind nur an sechs Stunden pro Tag die Leitungen besetzt. Also gilt es einen Ringruf einzuschalten, die Stellvertreterregelung zu organisieren und im Prozessdiagramm abzubilden.

»Das macht Sinn«, redet sich Hannes zufrieden ein. Schließlich können wir so rasch auf die Marktbedürfnisse reagieren. Jeder Kunde soll im richtigen Bereich landen – wenn er denn ankommt. Er designt weiter. Um die Kostentransparenz zu steigern (das kommt ja alles irgendwie dem Kunden zugute – Hannes weiß nur noch nicht wie), soll sich die durchschnittliche Wartezeit in den Bereichen konzentrieren. Das bedeutet, dass die Kunden in den Bereichsschleifen ausharren, wenn sie schon warten müssen. Das Kundenerlebnis gestaltet sich also so, dass der Kunde – nachdem er sich durch die Produkt- und Sprachwahl geschlagen hat – definitiv in eine Warteschleife gelangt. Fragt sich nur in welche?

Der Kunde wird sich freuen

Dazu braucht es eine nächste Ansage, die Hannes im Prozessdiagramm notiert: »Herzlichen Dank für Ihre konstruktive Kundenreaktion. Wir freuen uns über Ihre Offenheit. Zurzeit sind leider alle unsere Kundenberater besetzt und können Ihre konstruktive Kundenreaktion nicht entgegennehmen.« Um aber nicht den Eindruck entstehen zu lassen, dass das Unternehmen zu viele solche Reaktionen hat, wird gleich der nächste Standard in die Voice-Box gesetzt »Ihr Feedback freut uns und bringt uns weiter«.

Hannes ist stolz. Mit diesem Satz wird suggeriert: »Je länger man wartet, desto mehr Fortschritt wird gemacht«. Das ist der Schüssel zu mehr Marktnähe. Einmal mehr wird Hannes sich bewusst, dass Papierübungen und Organigramm-Verschiebungsprojekte durchaus Kundenrelevanz haben. Hannes speichert das Diagramm »konstruktive Kundenreaktion« ab und macht sich an den Prozess »verlorene Kunden zurückgewinnen«.

Werbung, Marketing, PR: Hannes auf Kundenfang

24 Das neue Leitbild für mehr Kundennutzen

Hannes kehrt an seinen Arbeitsplatz zurück. Die vergangenen zwei Tage verbrachte er in einem angenehmen Hotel mit einem Klausurworkshop. Teilnehmer waren alle Mitglieder der Geschäftsleitung. Sie hatten sich aus dem hektischen Alltag zurückgezogen, um ein neues Leitbild für die Firma zu erarbeiten.

Das war auch bitter nötig, nachdem sich das Unternehmen stark verändert hatte: Auslagerung der Produktion und Stärkung der beiden Kernkompetenzen »Verkauf und Marketing«. Das hört sich zwar gut an, dessen ist sich Hannes bewusst, im Endeffekt bedeutet es aber, dass ein Großteil des Geschäfts heute im fernöstlichen Ausland gemacht wird. In der alten Firmenzentrale sind bloß noch Stabsstellen wie Personal, Finanzen und eben das Marketing angesiedelt. Um so wichtiger ist ein Leitbild, um die Identifikation und das Engagement der Belegschaft im täglichen Arbeitseinsatz sicherzustellen.

Das neue Leitbild

Die Führungsriege war produktiv und entwickelte im gediegenen Rahmen fünf neue Leitsätze als neues Leitbild. Sie sollen künftig klar, unmissverständlich und unverwechselbar aufzeigen, was dem Unternehmen wichtig ist:

1. Unsere Mitarbeiter sind das wichtigste Kapital.
2. Unsere Kunden stehen bei uns im Mittelpunkt des Handelns.
3. Unsere soziale Verantwortung nehmen wir überzeugt wahr.
4. Unsere Finanzen stehen auf gesunden Beinen.
5. Unsere Entwicklung dient unserem Fortschritt und findet laufend statt.

Das ist die Ausbeute der beiden Tage. Jetzt geht es darum, Texte zur Umsetzung der Leitgedanken vorzubereiten, um diese in einem neuerlichen Workshop zu diskutieren und zu verabschieden. Jedes Mitglied der Geschäftsleitung erhielt einen Satz und soll bis Ende nächster Woche einen passenden Textvorschlag präsentieren. »Unsere Kunden stehen bei uns im Mittelpunkt« wurde Hannes demokratisch zugeteilt.

Der Kunde steht bei uns im Mittelpunkt

Hannes ist sich sofort bewusst, dass er wieder einmal den unangenehmsten Satz erhalten hat. Er verfällt ins Sinnieren: »Jahrelang wurden Leistungen abgebaut, Preise angehoben, die Produktpalette verkleinert, persönliche Ansprechpartner durch eine Web-Info-Box und ausgelagerte Callcenteragenten in Irland ersetzt. Und jetzt soll er den Kunden mit wenigen Sätzen klar machen, dass sie besser bedient werden denn je. »Wie soll das funktionieren?«, denkt Hannes, aber im gleichen Moment wird im klar: »Nun gut ... es ist nicht an mir, philosophische Fragen zu stellen.« Hannes sitzt im gleichen Boot mit den Kollegen der Geschäftsleitung und der Belegschaft. Das Unternehmen steht unter Druck und auch er muss unweigerlich mitziehen. Daher gilt es, die Aufgabenstellung einfach zu lösen. Er ist schließlich ein Macher und kein Zweifler.

Den konkreten Kundennutzen erlebbar machen

»Unsere Kunden stehen bei uns im Mittelpunkt.« Wie kann man diesen Satz konkreter formulieren? Hannes denkt in nutzenorientierten Formulierungen. »Mit unserer neuen, kompakten Produktpalette haben Sie jederzeit den Überblick und sparen Zeit, sich durch ein unübersichtliches Angebot zu arbeiten«. In diese Richtung könnte es gehen. »Mit unserer neuen Web-Info-

Box können Sie jederzeit – auch mitten in der Nacht – Ihr Anliegen an uns richten.« Das ist durchaus ein Fortschritt. Man bedenke, in der Nacht hat der Kunde einen Gedanken, tastet nach dem Smartphone auf dem Nachttisch, tippt das Anliegen ein und schläft weiter. Er muss keine Bürozeiten mehr berücksichtigen. Zusätzlich hat er nach der Eingabe ein paar Tage Zeit, selbst nach Lösungen zu suchen, denn bis sich schließlich jemand meldet, vergehen sicherlich im Unternehmen die standardisierten 72 Stunden zulässiger Reaktionszeitraum.

Damit ist Hannes beim nächsten Satz: »Durch klare Standards in den Antwortfristen können Sie Ihren Arbeitsalltag präzise planen«. Das heißt zwar im Klartext, dass drei Tage lang überhaupt nichts passiert. Da dies aber von Beginn weg klar ist, erwartet auch niemand etwas anderes. Ist ja logisch.

Jetzt fehlt nur noch die Begründung für den Preisanstieg der vergangenen zwei Jahre. »Dank einer marktorientierten Preisstruktur, profitieren Sie von einem transparenten Benchmark mit unseren Mitbewerbern.« Das hört sich doch gut an. Man weiß zwar nicht, womit man sich vom Konkurrenten unterscheidet, muss aber auch nicht mehr über den Preis diskutieren, weil dieser sowieso gleich und abgesprochen ist. Man braucht es bloß nicht zu sagen.

Das Leitbild füllt sich langsam mit Inhalt. Hannes überzeugt sich selbst:
»Es ist wichtig, dass ein Leitbild kein Papiertiger bleibt, sondern dank eines konkreten Kundennutzens im Alltag gelebt und vom Kunden positiv wahrgenommen wird.«

Wie glücklich kann doch die Firma sein, dass sie mit Hannes jemanden hat, der einen effektiven Nutzen stiftet und Leitbilder für alle erlebbar macht …

25 Gekonnte PR: Macher machen das einfach

Die heutige Geschäftsleitungssitzung hat den Charakter eines veritablen Krisen-Meetings. Der Marketing-Leiter ist in Auszeit und die Kommunikationsverantwortliche im Mutterschaftsurlaub. Eine Ablösung ist für keinen der beiden organisiert. Der CEO streckt die Arme in die Höhe und blafft in die Runde: »Das darf nie mehr passieren, so etwas geht einfach nicht!«. Er macht seinem Ärger Luft und das Team-Ambiente im Sitzungszimmer wird ziemlich strapaziert.

Das hätte man doch kommen sehen können

Hannes sinniert vor sich hin: »Hauptsache, er kann den Chef markieren. Die Anwesenden sind gerade die, welche für die Situation nicht verantwortlich sind. Überhaupt: Er hat die Auszeit doch bewilligt und den Mutterschaftsurlaub signiert an die HR-Abteilung übergeben. Man hätte das ja kommen sehen können und müssen«, folgert Hannes in seinem Gedankengang. Da kreiert man Weisungen über Weisungen, dass alles koordiniert abläuft, und verlangt von den Mitarbeitern Rücksicht im Team, vor allem auf die Familieneltern. Nie dürfen zwei Personen vom selben Team gleichzeitig abwesend und die Vertretung muss sichergestellt sein.

Was für das Sekretariat, die Logistikabteilung und alle anderen gilt, ist für die Geschäftsleitung offensichtlich nicht mehr als eine Empfehlung. Dass die Kommunikationsverantwortliche schwanger wird … okay, das mag ja noch durchgehen. Aber dass sie das nicht fünfzehn Monate im Voraus weiß? Noch schlimmer eine Auszeit ohne die Ablösung zu organisieren … Hannes ist außer sich!

Ein Ersatz muss her

Für Hannes wäre alles nur halb so schlimm. Denn im Grunde ist es das Problem der HR-Abteilung und der Marketing-Division. Wenn da nicht der Mehrheitsentscheid seiner Kollegen wäre, dass er, Hannes, die nächsten zwei Monate für die Kommunikation nach außen verantwortlich ist. Er ist der Einzige, der Zeit hat, denn Anfang des Jahres ist die Produktion erfahrungsgemäß gering ausgelastet und auch das nur mit Standardprodukten. Das besagt der langjährige Trend.

Nun hat Hannes also den zusätzlichen Titel »PR and Communication Manager ad-interim«. Die Übertragung dieser Aufgabe geht einher mit dem innigen Wunsch des CEO, dass endlich wieder mal etwas Positives in der Zeitung stehen soll. Pressearbeit vom Feinsten – die ist gut und kostet nichts.

Guter Rat dagegen ist teuer. Denn zurzeit macht das Unternehmen höchstens mit einem schlechten Geschäftsverlauf Schlagzeilen. Besonders PR-trächtig sind auch die Produkte nicht. Hydraulik-Pumpen für Sägewerke sind nicht gerade das, wonach die Bevölkerung in der Tageszeitung lechzt.

Hannes konsultiert Ratgeber und ruft schließlich seinen nimmermüden Schulkollegen Sebastian an. »Der ist mit allen Wassern gewaschen und hat sicher eine gute Idee«. Hannes sollte recht behalten. Sebastian rät: »Wenn nichts läuft, inszenier etwas.«

Eine Idee ist gefunden

Klingt gut – aber was? Hannes steht vor dem nächsten Problem. Doch plötzlich durchzuckt ihn der Geistesblitz: Nächste Woche werden die Fahrradständer mit Unterstand für die Produktionsmitarbeiter von der Ostseite der Gebäude an die Nordseite verschoben. Das gibt eine Party! Hannes ist euphorisch, denn einen so genialen PR-Schachzug hat die ganze Kommunikationsabteilung in fünf Jahren nicht aus dem Hut gezaubert.

Hannes erstellt eine Checkliste, was alles zu tun ist, um der Presse eine Pressemappe zukommen zu lassen, die alles schlägt, was je aus diesem Hause gekommen ist. Er beginnt stichwortartig zu notieren:

- Fackelzug mit Schulkindern vom Dorf, die den Umzug der Fahrradständer begleiten.
- Ballonwettbewerb für die älteren Kinder, an jedem Fahrrad-Haken ist ein Ballon befestigt.
- Der Pfarrer segnet die Fahrradständer am neuen Platz.
- Ein ehemaliger Radprofi rast kurz nach der Eröffnungszeremonie auf den Platz und schließt sein Rennrad in den ersten Ständer.
- Bier gibt's selbstverständlich gratis bis zum Abwinken.
- Die beiden Haken ganz links des neuen Fahrradständers dienen als Grillgestänge. Darunter gibt's ein Feuer und Würste in Form von alten Reifenschläuchen, die der Metzger extra so produziert. Sie werden auf den Behelfsgrill geworfen und kostenlos abgegeben.
- Ein Torwandschießen auf den Fahrradunterstand begeistert die männlichen Gäste und macht Lärm, denn Sebastian hat gesagt: »Es muss Lärm machen, sonst hört man dich nicht.«
- Die Zeremonie wird durch vierzehn Ansprachen gehörig in die Länge gezogen, damit die Presse schlichtweg nicht darum herumkommt, darüber zu berichten.

- Unmittelbar danach gibt es für Familien und die Presse noch eine Besteigung des neuen Fahrrad-Unterstandes mit Blick von oben auf den Parkplatz. Schließlich sieht die Welt 1,7 Meter über dem Boden ganz anders aus.

Hannes ist in Fahrt – wenn auch noch so ganz ohne Fahrrad – und bedauert bereits jetzt, dass er diesen Job nach zwei Monaten wieder abgeben muss. Aber wer weiß, vielleicht wird er so berühmt sein, dass er sich künftig ein wenig zurücklehnen kann und Zeit fürs Fahrradfahren (inklusive der Besteigungen von diversen Unterständen im ganzen Land) hat.

26 Ab heute sind wir Marktführer!

Die Zahlen aus dem vergangenen Jahr sprechen eine deutliche Sprache. Das Unternehmen, in dem Hannes seit einigen Jahren die Produktionsleitung innehat, ist wieder einmal mitten im finanziellen Gewitter. Die Zeiten, in denen Gewinnwarnung lediglich eine Aussage war, dass es nächstes Jahr vielleicht eine nicht ganz so große Steigerung des Gewinns geben könnte, sind vorbei. Ab sofort erhält Gewinnwarnung endlich die Bedeutung, die sie hat. Vielleicht sollte man das Wort sogar besser auf Verlustwarnung umtaufen.

Eine frühere Fehlentscheidung

Heute zeichnet sich ab, was Hannes schon länger vermutet: Die von der Geschäftsleitung initiierte, organisatorische Übung, die Lagerhaltung auf zwei Länder aufzuteilen, hat sich nicht bewährt. Der Logistikaufwand war zu groß und darum hat man beschlossen, eines der Auslieferungslager sofort zu schließen.

Vielleicht war der Zeitpunkt nicht ganz ideal gewählt. Genau im besten Monat mit der größten Auslieferungsmenge wurde umdisponiert. Der daraus entstandene Rückstand von mehreren Tausend Aufträgen erbrachte fast ebenso viele Stornierungen von Kundenseite. Hannes hatte es geahnt, ja sogar gewusst – war aber unterlegen in der Schlussabstimmung. Man meinte, dass er, unterdessen der älteste im Gremium, keinen Mut mehr zu Veränderungen hätte.

Als Dank darf er jetzt zu Händen des Kommunikationsverantwortlichen die Pressemitteilung verfassen. Man meinte, dass es ja in Hannes Abteilung hapert. Von daher sei er prädestiniert, hier etwas Aussagekräftiges zu formulieren.

Die Marktführerposition kreieren

Hannes hat die Vorgabe, dass das Geschehene als Zeichen der Stärke wirken – oder zumindest so kommuniziert werden – sollte. Schließlich seien sie ja Marktführer. Hannes stolpert bereits über das Wort »Marktführer«. Wo, wann Marktführer? Das Unternehmen ist weder das Größte, noch hat es den höchsten Umsatz – und als Verlustführer will man ja nicht gelten. »Die höchste Kundenzufriedenheit haben wir auch nicht«, denkt Hannes. »Also wie kriege ich nun den Marktführer trotzdem hin?«

Hannes studiert, wie eigentlich »Entrepreneur des Jahres«-Auszeichnungen vergeben werden. Als er sich so durch die Seiten scrollt, geht ihm plötzlich ein Licht auf. Ist ja auch nicht schwer: Man biegt sich die Kategorien einfach so lange zurecht, bis für jeden ein Genre übrig bleibt. So wird schlussendlich jeder Entrepreneur des Jahres. Klar!

Übertragen auf Hannes Unternehmen bedeutet das: Wer in der Kategorie »Unternehmer, die über zwanzig, aber nicht über zweiundzwanzig Jahre im Markt sind, kein Studium haben, Linkshänder sind, zweimal durch die Führerprüfung gefallen sind und nie eine Stunde Marketing studiert haben und trotzdem von etwas leben können« übrig bleibt, gewinnt!

Also überlegt sich Hannes, wo sein Unternehmen Marktführer ist. Es stellt neben vielem anderen ja Werkzeugteile für die Montage von Löffel-Einwurf-Motoren in öffentlichen Kaffeeautomaten her. Da gibt's schon mal nicht viele, da ist man bereits fokussiert. Tiefe statt Breite ist ja so oder so das Marketing-Credo der Stunde.

Klarer Marktführer im Segment

Von diesen Herstellern für Werkzeugteile für die Montage von Löffel-Einwurf-Motoren in öffentlichen Kaffeeautomaten gibt es wiederum nur wenige Unternehmen, die es bereits über fünf Jahre gibt und die in dieser Zeit höchstens viermal den Chef ausgewechselt haben. Langsam läuft Hannes warm: Dazu Lagerhaltungen in zwei Ländern und gleichzeitig alle Charaktertypen von Mitarbeitern nach dem DISG-Profil haben. Und von diesen wiederum sind sie die einzigen, die trotz Verlust noch alle die eigene Kaffeetasse am Arbeitsplatz haben können.

Ja! Hannes fasst zusammen und klopft in seine Tastatur: »Wir sind in einem schwierigen Markt. Trotz allem haben wir es zum Marktführer gebracht. Denn wir sind klar und unangefochten die Nummer 1 im Markt für Werkzeughersteller für die Montage von Löffel-Einwurf-Motoren in öffentlichen Kaffeeautomaten. Der Beweis liegt auf der Hand: Nur uns gibt es bereits über fünf Jahre. Wir haben in dieser Zeit höchstens viermal den Chef ausgewechselt. Lagerhaltungen in zwei Ländern sowie alle Charaktertypen von Mitarbeitern nach dem DISG-Profil, die allesamt alle die eigene Kaffeetasse am Arbeitsplatz haben – das will schon etwas heißen!«

»Wow« – Hannes ist stolz und erleichtert. Und zur Not, wenn es doch noch einen zweiten vergleichbaren Anbieter geben sollte, würde er sich selbst eben kurzerhand zum Linkshänder erklären. Denn das andere Unternehmen hat sicherlich keinen Produktionschef, der Pressemitteilungen mit links schreibt …

27 Zwischen Kosten und Gaumenfreuden

Die intensivierten Marketing- und Akquise-Anstrengungen in Hannes Unternehmen tragen erste Früchte. Nicht, dass die Auftragslage sich spürbar verbessert hat oder die Umsatzzahlen durch die Decke schießen. Allerdings ist zu verzeichnen, dass das Interesse von potenziellen Kunden zugenommen hat.

High Potentials

Das meldet einerseits der emsige IT-Chef aufgrund der Monitoring-Studien über die Klicks des animierten Firmenvideos auf YouTube. Von fünfzehn Klicks in den vergangenen vier Wochen steigerte sich die Besuchsrate im laufenden Monat, der erst zur Hälfte durch ist, auf unerklärliche, aber sagenhafte 258 Klicks. Wovon rund 240 der IP-Adressen aus ostrussischem und chinesischem Gebiet stammen. »Alles high-potentials«, posaunt der Chef.

Andererseits – und das ist doch eine veritable Größe – erfreuen sich die organisierten Firmenbesichtigungen mit anschließendem Umtrunk und Häppchen massivster Beliebtheit.

Die Weinauswahl

Organisatorisch laufen diese Besichtigungen bisher by the way. Wer einlädt, organisiert. Organisiert heißt: Derjenige schmiert Brötchen in Heim- oder Kinderarbeit und beschafft sich Wein und Nicht-Alkoholisches im Rahmen des sich selbst schrumpfenden Budgets im landläufigen Supermarkt. »Hauptsache Alkohol« steht bei der Weinauswahl vor »vollmundig-fruchtiger Gaumen mit langanhaltend-erdigem Abgang«.

Gestern Abend war wieder solch ein Anlass. Ein Bereich aus Hannes Produktionsabteilung organisierte für Gäste und potenzielle Kunden eine Besichtigung mit anschließendem Steh-Umtrunk. Der CEO ist noch im Büro, sieht die Gruppe, gesellt sich dazu. Schließlich ist es »sein« Unternehmen und etwas Networking kann ja nie schaden.

Grundsätzlich ist der Chef bereits leicht säuerlich, weil er von der Besichtigung nichts wusste. Die Weinauswahl katapultiert seine Stimmung dann vollends in den Keller. Als Besitzer eines eigenen, privaten Kleinst-Weingutes in der Toskana, weiß er einen feinen Tropfen zu schätzen.

Er erkundigt sich noch während des Anlasses beim verantwortlichen Bereichsleiter, wer solch essigähnliches Altöl überhaupt einkaufe. Der düpierte Bereichsleiter meint lakonisch »Wo kein Budget, da kein fruchtiger Abgang« und überhaupt: »Irgendwo im Keller hätte es besseren Wein gehabt, aber niemand hier hat einen Schlüssel dazu«.

Jetzt eskaliert die Situation definitiv. Dagegen waren die selbst verschuldeten Produktionsausfälle und über fünf Prozent Ausschuss bei der Lieferung an den letzten Großkunden Peanuts und mit das-kann's-ja-mal-geben schnell abgetan. Aber das hier, ein billiger Wein für gute Kunden und ein Keller ohne Schlüssel – nein, das ist dem Chef zu viel.

Die Suche nach dem Verantwortlichen

Der CEO zitiert Hannes in sein Büro. Dieser weist die Verantwortung von sich. Er sei schließlich nicht für das leibliche Wohl der Kunden verantwortlich, sondern für die Qualität seiner Produkte.

Hier müsse die Chefin des Personalrestaurants her, die für das leibliche Wohl auch von Amts wegen zuständig sei.

Auf der anderen Seite liegt die Verantwortung aber auch beim einladenden Bereichsleiter. Er hätte die Möglichkeit gehabt, den Wein vorher mit Nase und Gaumen zu begutachten. Aber dafür hat man ja keine Zeit.

Der CEO und Hannes stellen sich zusammen an den Flipchart und zeichnen die Zuständigkeitslinien. Beide jeweils mit dem klaren Ziel im Hinterkopf, dass am Schluss der Linie der eigene Name nicht steht.

Nach ungefähr einer Stunde Diskussion stellt Hannes einen Antrag. Man solle doch diese Verpflegung nach den Betriebsbesichtigungen einmal grundsätzlich regeln und diesen Auftrag in das Organigramm setzen. Sie holen das Organigramm und verlieren sich wiederum in den Wirrungen der Unterstellungs- und Matrixlinien.

Lange Rede, kurzer Sinn

Hannes ist eine Führungskraft und gemeinsam mit dem CEO sollte es doch gelingen, eine Entscheidung zu fällen. Er formuliert offiziell den Antrag, dass man diesen Job der Leiterin der Arbeitszeitkontrolle im HR überträgt. Die Begründung: Sie ist als eine der wenigen in der Lage, feinste mathematische Formeln zu kreieren und vor allem zu überwachen. Hier geht es zwar nicht um unterschrittene Arbeitszeit und überdehnte Projektkostenstellen bis zu drei Stellen hinter dem Komma. Es geht hier darum, die Europäische Verordnung über Konsum von Alkohol am Arbeitsplatz zu überwachen. Die schreibt vor, dass mindestens 18 Prozent der angebotenen Menge an Getränken in klar deklarierten nicht-alkoholischen Tranksamen aufgetischt werden müssen. Und das kann bei einer ungeraden Menge an Weinflaschen durchaus bis zur dritten Stelle hinter dem Komma eine Relevanz haben.

Die beiden Herren öffnen jetzt getrost einen Wein aus dem privaten Kühlschrank des CEO und belohnen sich für ihre Entscheidungsfreudigkeit in Form eines edlen Rebensafts aus der Toskana … Na dann Prost!

28 Der Benchmark

Die neuen Benchmark-Zahlen im anspruchsvollen Business-to-Business-Markt, in dem Hannes Unternehmen tätig ist, sind veröffentlicht. Die Zahlen werden vom CEO in der Wichtigkeit nur eine Haaresbreite hinter dem Gewinn eingeordnet. »Wir werden im kommenden Jahr den Benchmark anführen«, ist längst zum Mantra geworden – seit fünf Jahren schon.

Jahr für Jahr setzt man sich nach der Bekanntgabe der Zahlen zusammen, klopft zuversichtlich-flotte Sprüche, macht noch schönere Powerpoints für die Mitarbeiterpräsentation und hängt noch edlere Papierplakate in die Flure mit dem Ziel »We are the Benchmark ONE«.

Ganz oben ist nur Platz für einen

Hannes denkt voller Grauen zurück an vergangene Woche: Wieder einmal sind bei der Geschäftsleitungssitzung die neuesten Zahlen vorgestellt worden. Die Anzahl der Sorgenfalten des CEOs nahmen linear zur Lautstärke und Vehemenz seines als Credo vorgetragenen Ausbruchs zu, dass oben nur Platz für einen – nämlich für uns – ist. Denn statt endlich in die vordere Hälfte vorzustoßen, blieb man ein weiteres Mal weit unter dem Strich. Das Ziel, die EINS zu werden, läuft Gefahr, langsam aber sicher zu entschwinden.

Zeit für eine Sofortmaßnahme: Alle Mitarbeiter müssen in den Workshop »ONE4Benchmark«. Und Hannes ist als Produktionsleiter bereits im ersten dabei. Er nimmt im Plenum Platz. Das Halbrund ohne Tische soll nicht nur die neue Diskussionskultur fördern, sondern auch symbolisch erlebbar machen, dass wir uns rund um die Anliegen des Kunden kümmern und der Kunde den Service als abgerundet erlebt. Round-about-the-client präzisiert dies der eigens dafür eingeflogene Coach. Zwar hat von diesem zuvor noch niemand je gehört, er sei aber eine Koryphäe, meint der Chef. »Nun, man kann ja nicht alles wissen, es wird schon stimmen«, denkt sich Hannes.

Der Coach holt zur Eröffnungsansprache aus: »Wir sind heute eine Real-Community, die sich um den Benchmark im Business-to-Business-Markt kümmert. Ja, es geht ums Grobe, aber vor allem in den nächsten Stunden und Tagen ans Eingemachte. Wir, nein SIE müssen jetzt Ihre Komfortzone verlassen.«

Die Gruppe wird zur Vorstellungsrunde eingeladen. Die Teilnehmer kennen sich zwar, aber immerhin bedeutet das für den Coach dreißig Minuten weniger vorzubereiten und für die Teilnehmer dreißig Minuten weniger zu arbeiten. Der Coach fordert alle auf, dieses Check-in im Stil von »Who, why and where« zu betrachten, die Stichworte auf eine Pinnwandkarte zu schreiben und dann aufzuhängen. Man soll dabei auch ein klares Commitment zu einem Ziel abgeben. Kurze Individual-Time zum Vorbereiten, dann folgt ein Pitch jedes Teilnehmers. Abgeschlossen wird jedes Mal mit den Worten »Check-in – ready to go«.

Hannes ist diese Welt zwar etwas fremd, aber wenn's gut für die Kundenzufriedenheit ist, ist es auch gut für die Laune des Chefs. Und das macht alles doch gleich viel angenehmer.

Elevator-Pitch und Feedback-Runde

Im Workshop geht es weiter. Mit einem Input lanciert der braun-gebrannte Coach vom Typ »Triathlet-und-braucht-nur-4-Stunden-Schlaf« eine erste sogenannte Smart-learn-Round. »So, jetzt scannt die Gruppen-Members und sucht einen Partner zum

Exchange-of-Experience. Bitte bereitet in einem Time-boxing einen weiteren Elevator-Pitch vor, wo ihr das Mind-Setting für die anschließende Feedback-Runde elaboriert.«

Hannes hängt mit seinen Gruppen-Kollegen etwas im luftleeren Raum. Das alles ist ihm doch etwas sehr viel warme Luft, aber sie schreiben in ihrem Gruppenzimmer drei Pinnwand-Karten: »love it, change it, leave it«. Hannes meint, das hätte er vor zwanzig Jahren schon mal gehört und das könnte doch immer noch passen. Die Gruppenkollegen sind einverstanden. Der Coach würdigt die Präsentation mit dem Ausruf »Wow – greatest – ihr seid echte Champs. Das sind die wahren Keywords für einen Amazing-folk im Client-Prototype-Space. Ja, good enough, life is a pitch, da bin ich glatt on fire.«

So verläuft der Tag animiert und nach der Eingewöhnung zumindest ein Stück weit vertraut. Irgendwann erscheint dann auch das Bild mit der Hummel, deren Flügel zu groß sind und deren Gewicht zu schwer ist, um fliegen zu können. Aber weil sie es nicht weiß, fliegt sie trotzdem ...

Schließlich läutet der Coach die Schlussrunde ein. Jeder soll einen letzten Pitch mit den Transfer-fields performen und sein Statement mit den Worten »Check-out« abschließen.

Nach zwölf Check-outs erklärt der Coach, dass sie eine super-crazy-tolle Gruppen waren und Hannes geht in sein Büro zurück. Bevor er seine E-Mails checkt, bucht er noch rasch einen Englisch-Kurs in der Volkshochschule an seinem Wohnort – sonst wird das nie etwas mit der Kundenzufriedenheit.

29 Evaluierung ist alles

Hannes ist gut vorbereitet für die gleich beginnende Geschäftsleitungssitzung. Heute ist er es, der einen Schlüssel-Tagesordnungspunkt präsentiert. Es geht um die Evaluation eines neuen 3-D-Druckers in der Produktionsabteilung im Bereich »Mikro-Technologie«.

Hier werden Kleinstteile hergestellt, die oft in Europa geplant, aber in China gedruckt werden, damit sie dort für die konkrete Produktion ein 1:1-Modell haben. Geschickt genutzte Digitalisierung und Internet-of-Things sorgen dafür, dass das Ding dann völlig selbstständig arbeitet – das ist das Ziel.

Bei aller Konzeptionierung und Software-Entwicklung bleibt am Ende des Tages die Beschaffung von Hardware. Ein solcher Drucker muss her. Hannes hat aufgrund des Anforderungsprofils an das Gerät und den Budgetrahmen zehn Varianten getestet. Drei schlägt er für die engere Auswahl vor. Mit schicken CAD-PowerPoint-Folien will er die Geschäftsleitung davon überzeugen, dass sie heute eine Entscheidung fällen muss, da die Beschaffung – wie alles in der letzten Zeit – zeitnah erfolgen soll. Der Markt lässt keine Zeit mehr, zumal bisher bereits vieles verschlafen wurde.

Hannes präsentiert euphorisch, die Zuhörer nehmen es zur Kenntnis. Am Schluss stellt Hannes die Frage: Was meint ihr? Eigentlich möchte er jetzt eine Diskussion über die Vor- und Nachteile der Geräte und dann eine Entscheidung. Doch es kommt anders: Der Geschäftsführer schweigt vor sich hin. Eigentlich kennt sich damit keiner aus, aber mitreden sollen und wollen doch alle. Plötzlich meldet sich der HR-Vertreter und fragt, ob der Betriebsrat schon informiert sei? Auf das Nein von Hannes nicken alle erleichtert: »Das müssten wir unbedingt noch tun, bevor wir eine Entscheidung fällen.«

Die Geschäftsleitung entscheidet – noch nicht …

Eine Woche später. Hannes hat die Einwilligung des Betriebsrates. Gleiches Prozedere, gleiches Resultat: zuerst Schweigen, dann meint der Marketing-Chef: »Bei den Marktanalysen fehlt mir noch der Ausblick auf expandierende, mögliche Märkte in Indien. Das müssten wir unbedingt noch haben.« Auch die anschließende Szene gleicht sich. Alle sind erleichtert, dass sie noch nicht entscheiden müssen, und stimmen ab, dass Hannes im Konzept noch »Indien« erforschen muss.

In den nächsten beiden Wochen wiederholt sich die Szenerie. »Wir sollten unbedingt noch abklären, dass wir ausschließlich Lieferanten berücksichtigen, welche die Compliance bezüglich Kinderarbeit und Nachhaltigkeit erfüllen. Dazu müssten wir von allen eine offizielle Anti-Korruptionsvereinbarung einfordern.«

… immer noch nicht …

Hannes tut und macht wie geheißen. Das Ritual erkennt sich selbst wieder, jedes Mal fehlt »nur noch« beziehungsweise »sollten wir noch«, eine Woche später tauchen wieder neue »Mängel« auf. Hannes ist langsam beunruhigt, laufen doch nicht nur die Kunden davon, sondern stehen allmählich auch die ersten Werk-Maschinen in Shanghai still, da sie weder Aufträge noch Mitarbeiter haben.

Heute ist darum so etwas wie final briefing. Hannes hat die letzten Tage ausschließlich damit verbracht, alles nochmals durchzuchecken, abzugleichen und im Vorfeld alle Geschäftsleitungsmitglieder per Mail anzufragen, ob noch offene Fragen vorliegen. Von vier der fünf Kollegen erhält er keine Rückmeldung, eine Person antwortet mit »ich bin noch nicht dazu gekommen, alles zu lesen, mache es aber bis Montag«.

... vielleicht nie ...

Zuversichtlich und guter Dinge präsentiert Hannes heute zum achten Mal das verbesserte, unterdessen völlig verwässerte Evaluationskonzept. Die Reaktion kennt er schon. Zunächst macht niemand auch nur einen Mucker. Schließlich meint der Geschäftsführer: »Das ist nicht ihr Ernst, dass Sie uns dies jetzt so als definitive Auswahl vorlegen?« Auf das »Ja, doch« von Hannes meint er nur: »Aber das Logo ist oben rechts auf der Präsentation und wir haben unmissverständlich und klar in unseren CI-CD-Richtlinien festgehalten, dass das Logo immer unten links steht. Ich erwarte eine Korrektur«.

Hannes geht völlig verzweifelt seines Weges in der Hoffnung, dass die Welt eines Tages mit schönen Logos und Anti-Korruptionsvereinbarungen vor dem bösen Markt gerettet wird.

30 Meeting-Culture oder Welcher Stuhl darfs denn sein?

Hannes ist wieder einmal f-einstimmig (= fast-einstimmig, nämlich ohne seine Stimme) zum Projektleiter nominiert worden. Die Geschäftsführung hat gemeinsam entschieden, dass die Dynamik, die der Markt verlangt und das Unternehmen ausstrahlen möchte, weiter gedeihen und im wahrsten Sinne des Wortes greifbar werden soll.

Nach gefühlt zwanzig Marketing-Maßnahmen, die zu ¾ die Mobilisierung nach innen zum Ziel hatten, der Einführung der Du-Kultur, der Rekrutierung von neuen Fachspezialisten und einer offensiven Pressearbeit, käme ja schon bald die Aufgabe, endlich auch die entsprechenden Produkte zu lancieren. Aber das dauert. Ist ja nicht ganz so einfach.

Neuer Charme im Haus

Darum wird jetzt neu noch ein Feld bestellt, das seit vielen Jahren brach liegt. »Es braucht endlich neuen Charme in diesem Haus«, posaunt der Chef und meint, dass die Beschaffung neuer Büromöbel insbesondere in den Sitzungszimmern in die Hand genommen werden soll. Hannes fasst dieses Projekt und skizziert seinen Ablauf und erste inhaltliche Details.

Er hat den Anforderungskatalog diktiert erhalten: Budget nach oben offen, wertvolles Holz aus nachhaltiger Produktion, das aber auch gut sichtbar markiert ist. Sonst bringt's ja nichts, wenn man Nachhaltigkeit und Bio marketingtechnisch nicht ausschlachten kann. Ergonomisch modernste Anforderungen müssen adaptierbar sein. In der Grundausstattung braucht's so Zeugs ja nicht. Stühle mit Radlagern aus der eigenen Produktion, klar hierarchisch absetzbare Ausstattungslinien. Ein wenig sehen, wer hier Chef, cheffiger und der ganz große Chef ist, soll man ja schon.

Fleißig holt Hannes Angebot um Angebot ein, empfängt Jung-Möbel-Verkäufer mit frisch frisierter und gegelter Haarpracht und stellt fest, dass diejenigen, die am lautesten von nachhaltiger Produktion und einheimischem Holz reden, die fettesten Hochglanz-Magazine haben. Nun gut, Papier ist geduldig und Verkäufer sind talentiert. Es führt dann kein Weg am Probesitzen vorbei.

Nur zur Probe

Hannes lässt eigens dafür ein Sitzungszimmer herrichten. Zwei Tische mit je drei Typen von Stühlen. Das gibt in der Arithmetik zwölf Kombinationen. Mitarbeiter werden gebeten, außerhalb der Arbeitszeit in Randstunden einmal Probe zu sitzen oder gleich ihre Sitzungen hier abzuhalten und das Rating direkt vorzunehmen.

Hannes kreiert ein Formular, das die wichtigsten Beurteilungskriterien aufführt. Sitzkomfort für kurzes Sitzen, langes Sitzen und regelmäßige Bewegungen auf einer Skala von 1 bis 10; Verstellbarkeit in Höhe, Tiefe, Drehung, Hüftstützen in Raster oder Zentimeter, Haptik der Armlehnen, Farbe des Stoffes und Reinigungsfähigkeit nach ausgeleerten Kaffeebechern.

Das alles ergibt einen Koeffizienten pro Stuhl und Kombination. In bewährter Riskmanagement-Formel-Technik wird die Beurteilung durch die Wartungsfreundlichkeit dividiert und schlussendlich der Preis dazu gezählt.

Komplexes Geschehen

Hannes merkt aber auch, dass die Auswertung dieses ganzen Votings einiges an Zeit und Komplexität verlangt. Er erhält aus diesem Grund noch ein Budget an Stellenprozenten, um das Einmann-Projekt etwas aufzustocken. Es gibt einen richtigen Projekt-Ausschuss – mit Teilprojektleitern wie »Beschaffung Offertwesen«, »Begleitung der Sitzprobanden«, einen »Auswerter« und schlussendlich einen »IT-Ressortleiter«, der den Fragebogen elektronisch aufbereiten und ein eigens dafür eingerichtetes Online-Stuhl-und-Tisch-Befragungstool einrichten soll. In einem der Stühle ist sogar die Technik bereits Bestandteil der Ausstattung.

Ja, solch vermeintlich kleinen Dinge haben oft eine große Wirkung und dessen Aufwand darf nicht unterschätzt werden. Schließlich verbringen die Mitarbeiter pro Jahr viele Stunden bei Sitzungen. Da dürfen ein gewisser Anspruch und Komfort nicht fehlen. Oder führt das allenfalls dazu, dass Sitzungen noch länger und noch zahlreicher werden? Okay, dafür ist ja dann das Projekt »Meeting-Culture« zuständig …

Transformation, Digitalisierung, New Work: Hannes wird agil

31 Mehr Freunde dank Social-Media

Endlich hat sich auch das Unternehmen von Hannes zur Personalbeurteilung auf 360-Grad-Feedbacks eingeschworen. Hannes ist erleichtert. Der Druck, nur von oben und nur nach Zahlen beurteilt zu werden, lässt nach. Das soziale Verhalten gegenüber Untergebenen, Kollegen und Kunden erhält mehr Gewicht. Er ist überzeugt, dort dank seiner einfühlsamen Art zu punkten.

Die erste Standortbestimmung

Doch schon beim ersten Vergleich muss er hinten anstehen. Eine persönliche, inoffizielle Vor-Marktanalyse von Hannes zeigt, dass er noch Potenzial hat. Um seine Werte im 360-Grad-Rating abzutasten, zählt er klammheimlich, wie viele E-Mail-Ausdrucke seine Führungskollegen am White-Board unter der Rubrik »Positive Rückmeldungen von Kunden und Mitarbeitern« hängen haben. Von den fünf Kollegen auf der gleichen Führungsstufe belegt er Rang 5.

Er geht dieses Ergebnis strategisch an und bespricht sich mit seinem Coach. Die Blitzanalyse ergibt: Hannes hat zu wenig Kollegen und Freunde. Nicht, dass er einen Mangel an Freunden und Bekannten in seinem Leben verspüren würde. Als geselliger Mensch ist ihm auch in der Freizeit nie langweilig. Aber eine klaffende Lücke öffnet sich, als ihn sein persönlicher Coach auf Social Media anspricht. »Wie viele Freunde haben Sie auf Facebook?«, »Wie viele Kontakte zweiten Grades haben Sie auf XING gelistet?« »Wie viele Follower haben Sie auf Twitter?« und »Wie viele Beiträge haben Sie auf LinkedIn?« Hannes versteht nichts.

Die erste Weiterbildung

Er braucht eine Fortbildung zum Thema »Social Media«. Im Unternehmensforum in der nahen Stadt findet ein Vortrag dazu statt. Hannes hört zu, schreibt mit. Als pflichtbewusste Führungskraft stürmt Hannes anschließend ins Büro und eröffnet augenblicklich Accounts bei XING, twitter und Facebook. Doch selbst als geübter, PC-affiner Mensch kriegt sein Elan einen Knick. Schon in der Anmeldung auf den bekannten Plattformen scheint der digitale Wurm zu stecken.

Und es wird noch schlimmer: Profile verwalten, Informationen bearbeiten, Beziehungsstatus und »über dich« einsetzen, Zugriffsberechtigungen in Kategorien festlegen, politische und religiöse Ansichten nur engen Freunden sichtbar machen, ehemalige Wohnorte und Aktivitäten komplettieren … Nach vier Stunden ist alles solide und korrekt hinterlegt. Hofft Hannes.

Die ersten Schritte bei Facebook

Am nächsten Morgen im Büro gestaltet er sein Start-to-work-Ritual neu. Zuerst öffnet er alle Plattformen und schaut, was sich in der Nacht getan hat. Spannend, was er alles entdeckt: Ach der Kollege Hubert ist auch auf XING. Der war also letztes Jahr drei Monate auf Suche und ist jetzt Chief Distribution of the Division outgoings. Wie früher, er hat auch damals die Post gemacht. »Den klicke ich an«, meint Hannes und freut sich, einen neuen Kontakt zu haben. Auf Facebook erfährt er, wer der Typ ist, der ständig bei seiner Nachbarin, unterdessen auch eine Facebook-Freundin, sitzt. »Danke für die schöne Nacht«, schreibt der Typ im Pinnwandeintrag 1. Pinnwandeintrag 2: »Ja Schatz, war super«, beurteilt sie die nächtliche Aktivität. Ein Vorteil, dass gleich alle Freunde Bescheid wissen …

Die ersten Folgen

Hannes erkennt den Nutzen. Als wieder einmal die Vorbereitung für ein Meeting zäh ist, weil ihm die Ideen fehlen, kann er das mitteilen. Zusammen leidet es sich einfacher. Auf der Pinnwand von Facebook teilt er seinen unterdessen 237 Freunden mit: »Sch...-Meeting. Ich komm nicht weiter. Die wollen hier immer alles genau haben, um es dann doch zu zerreden. Da fällt einem nichts mehr dazu ein. Langweilig!« Interaktiv schalten für »Kommentar abgeben« oder um »gefällt mir« anzuklicken. Kurz darauf sieht er das Resultat: 16 seiner 237 Facebook-Freunde finden es gut, dass ihm nichts einfällt. Dazu sogar der Kommentar seines Chefs: »Ich werde mir was überlegen, dass Ihnen nie mehr langweilig ist!«

Hoppla! Jetzt hat Hannes ein Problem. Der Chef ist einer seiner 237 Freunde. Kurz bevor er der Facebook-Gruppe »Kann-mir-jemand-sagen-warum-alle-Chefs-doof-sind« beitritt, durchzuckt ihn ein Gedanke: Was, wenn auch meine Mitarbeiter in dieser Gruppe sind?

Die erste neue Software

Hannes begreift, dass Soziale Medien verstanden sein wollen. Wer sieht, was er schreibt und warum erhält er alle von ihm verfassten Twitter-Infos selbst, aber nie jemand anders? Die IT muss her. Sie soll eine kleine Applikation entwickeln, mit der man Einträge in allen Social Media Plattformen verwalten kann. Nur noch ein Tool für alle Plattformen! SOMEKO (Soziale-Medien-Koordination)-Software. Freunde soll man nicht nur haben, sondern sie auch verwalten können. Das Weltbild von Hannes gerät allmählich wieder in geordnete Bahnen.

Das feiert er für sich ganz persönlich in der Betriebskantine bei einer Tasse Kaffee. Bis er merkt, dass ein Mitarbeiter davon einen Vierzig-Sekunden-Film macht und ihn bereits auf YouTube gestellt hat, als er wieder im Büro ist. Nobody is perfect …

32 Spaß mit der Computertechnik

Hannes ärgert sich. Er sitzt in seinem Büro am PC und muss die Aufgabe zur Vorbereitung der nächsten Sitzung in einem Word-Dokument aufsetzen, formatieren und möglichst vor Beginn des Meetings morgen früh um acht Uhr seinen Kollegen in der Geschäftsleitung zuschicken. Die Zeit drängt.

Etwas stimmt hier nicht

Er schreibt und schreibt, hastig hämmern die Finger auf die Tasten. Die Tastatur hat enorme Nehmerqualitäten. Andere hingegen fehlen ihr, etwa die Reaktionsgeschwindigkeit. Nach jedem Tastendruck dauert es rund zwei bis fünf Sekunden bis die Buchstaben auf dem Bildschirm erscheinen. Verzögerungstendenz zunehmend. Zwischendurch plumpsen ganze Sätze in einem Aufwisch auf den Bildschirm – mitsamt den erst nun zu sehenden Fehlern. Hannes knallt seinen rechten Zeigefinger rhythmisch und mit vehementem Druck auf »Löschen rückwärts« bis zur Korrekturstelle. Wobei auch dieses »Löschen rückwärts« sich um einige Sekunden homöopathischer gestaltet als beabsichtigt.

Mit erhöhter Nervenanspannung greift Hannes zum Telefonhörer und kontaktiert die firmeninterne IT-Hotline. »Zurzeit sind alle Techniker besetzt. Wir bitten Sie um Geduld für die kurze Wartezeit. Für eine Frage betreffend Büroautomatisierung wählen Sie die Taste 1, für SAP Taste 2, für Hardware und Standortfragen Taste 3, für Drucker- und Scanner-Probleme Taste 4« und so weiter. Taste 8 verspricht den Rückruf des persönlichen Beraters. Ungefähr eine Stunde später meldet sich dieser endlich.

Etwas hat er verpasst

Hannes, immer noch angespannt und mit manuellen Arbeiten abgelenkt, erklärt dem IT-Servicemitarbeiter sein Problem. Dessen süffisantes Lächeln ist sogar telefonisch wahrzunehmen und bringt Hannes noch mehr auf die Palme. »Wir haben vor drei Tagen angekündigt, dass es heute einen Release des Office-Systems gibt. Es dauert noch bis fünf Uhr nachmittags. In dieser Zeit können die PC-Systeme nicht vollumfänglich benutzt werden. Aber morgen funktioniert alles wieder.« Hannes ist wenig begeistert: »Davon höre ich nun zum ersten Mal«. Der IT-Head-for-Specialist-Support-Dispatch-Manager meint patzig: »Stand im E-Mail vom Dienstag.« Im Wissen, dass die IT immer am längeren Hebel sitzt und die IT-Techniker die wahren Manager sind, gibt Hannes auf. Trotzdem sucht er verstohlen nach der entsprechenden E-Mail-Nachricht. Leicht beschämt findet er sie – ungelesen, eingetroffen am Dienstag um 9:01 Uhr. Er gibt sich geschlagen und meldet sich ab auf Kundenbesuch. Ohne Computer läuft im Büro sowieso nichts.

Kurz nach fünf Uhr kommt er deutlich besser gelaunt an seinen Arbeitsplatz zurück. Nun sollte die Computertechnik wieder funktionieren, denkt sich Hannes. Er startet seinen PC und darf folgende lapidare Meldung lesen: »Das System steht zur Zeit nicht zur Verfügung.« Dazu noch etwas kleiner im gleichen Fenster: »Bitte kontaktieren Sie Ihren Systemmanager.«

Hannes lässt sich das nicht zweimal sagen. Mit frischer Energie und ebensolchem Ärger greift er zum Telefon. »Herzlich willkommen beim IT-Service. Wir bedanken uns für Ihren Anruf. Die Supporthotline ist von 8:00 bis 17:00 Uhr für Ihre Anliegen für Sie da. Für Anrufe außerhalb dieser Zeiten hinterlassen Sie eine Mitteilung oder senden Sie uns eine E-Mail-Nachricht«. »Genau! Eine E-Mail-Nachricht senden, wenn das System außer Betrieb ist.« Hannes spricht nur dann mit sich selbst, wenn seine Nerven blank liegen. Wie jetzt.

Etwas ist jetzt zu tun

Als Führungskraft ist Hannes gewohnt, Entscheidungen zu treffen und zu handeln. Er nimmt sein Smartphone zur Hand und sucht in Software-User-Blogs nach Lösungen, wie man ein firmeninternes Office-System neu aufsetzt. »Die werden mich noch kennenlernen«, entweicht ihm im Flüsterton und nicht ohne Ironie.

»Aha, da ist es«, wird Hannes fündig, knackt via Link die Schutzsysteme und deinstalliert das Office-Paket. Triumphierend stellt er fest »Microschrott ist weg – selbst ist der Mann – gerade auch außerhalb der Bürozeiten«. Er zieht die neuste Linux-Version herunter und knallt Apache-OpenOffice darauf. Nun kann er sein Dokument verzögerungsfrei schreiben. Es scheint bestens zu funktionieren – einzig der Drucker spuckt jetzt alles in japanischen Schriftzeichen aus.

Das Nervenkostüm von Hannes hängt an einem dünnen Faden. Doch weiter nach Lösungen suchend, wird er seinem Ruf als »hartnäckiger Mann der Tat« gerecht. Er schreibt die Vorbereitungsaufgabe von Hand auf eine DIN-A4-Seite, scannt sie mit

600 dpi ein, speichert das Dokument als komprimierte jpg-Datei ab und druckt es aus. »Sieht doch perfekt aus«, lobt er sich selbst, kopiert die Nachricht und legt sie den Kollegen von der Geschäftsleitung ins physische Postfach. Dabei verdrängt er den Gedanken, wie unerfreulich das Gespräch mit dem IT-Head-for-Specialist-Support-Dispatch-Manager wohl sein wird, wenn dieser ihn morgen von sich aus kontaktieren wird. Nun ja, business-is-business – wer nicht handelt, hat verloren.

33 Die Video-Konferenz: Globalisierung fordert ihren Tribut

Wegen der Globalisierung hat auch Hannes Unternehmen immer mehr Produktionsstätten ins ferne Ausland verlegt. Waren es früher in erster Linie einfache Tätigkeiten mit günstigen Arbeitern in schäbigen Fabriken, sind heute auch einige Managementfunktionen mit deren Protagonisten in der ganzen Welt verteilt.

Jede Länder-Division hat eine kleine Geschäftsleitung, die ihre Arbeiten wiederum mit dem Mutterhaus abstimmt – oder abstimmen sollte. Das verlangt einen Koordinationsaufwand sondergleichen. Hannes hat bisher nicht zu fragen gewagt, was von den eingesparten Kosten durch die Verlegung der Arbeitsplätze am Ende des Tages übrig bleibt, wenn die zusätzlichen Abstimmungsaufwände davon abgezogen werden. In der Hektik des operativen Geschäfts hat sowieso niemand Zeit, sich solche Fragen zu stellen.

Das Monatsmeeting per Videokonferenz

Heute ist wieder einmal eine monatliche Abstimmungssitzung. In den seit geraumer Zeit nur noch in Englisch verfassten Papieren heißt es in halbkorrektem Englisch »month coordination meeting«. Na ja, Englisch ist eine Sache für sich. Alle am Tisch sind Universal-Dilettanten. Sie verstehen das meiste, können auch den einen oder anderen Satz radebrechen, aber wirklich beherrschen tut die Sprache niemand. Das month coordination meeting findet immer in Form einer Videokonferenz statt. In dreißig Minuten geht's los.

Die gute Vorbereitung macht's aus

Einige Vorbereitungen sind noch zu treffen. Hannes muss dafür sorgen, dass er ungestört bleibt. Zwar besteht sein Büro nur noch aus einer leichten Glaswand mitten im Großraumbüro. »Wie früher die Affenkäfige im Zoo«, denkt sich Hannes. »Umgekehrt kann so aber zumindest jeder sehen, dass ich beschäftigt bin.« Aber sicher ist sicher. Er klebt das Schild »no disturb« an die Türe. Wie es korrekt heißt, weiß er nicht. Aber es reicht ja. »Globalisierungsenglisch« nennt man dies unterdessen auf dem Flur.

Bevor er sich den Feinvorbereitungen am Gerät widmet, muss das Outfit stimmen. Hier in Europa kann man in Jeans und kurzem Hemd arbeiten. Aber die Asiaten schätzen das nicht. Also passt man sich an, um zu zeigen, dass der Hammer immer noch hier hängt. Nur – die Hose sieht niemand, er braucht ja nicht aufzustehen. Aber ein feines Hemd mit Krawatte und einem Jackett darüber müssen sein. Hannes präsentiert sich oben als gestylter Manager, unten ist er in Jeans und Adiletten.

Die Sitzprobe, dann die Webcam einrichten – das Kontrollbild aufschalten. Upps, man sieht die Zeichnungen seiner Kinder im Hintergrund. Hannes dreht sich leicht ab, aber so spiegeln die Jeans und die Adiletten in der Scheibe hinter ihm. Er holt ein DIN-A3-Blatt und klebt es auf die Scheibe. Das sieht zwar nach notdürftiger Reparatur einer zerbrochenen Scheibe aus, aber zumindest spiegelt nichts mehr.

Einloggen und let's go

Das Bild passt, Hannes logt sich ein. Das Passwort erhält er jeweils von der IT-Abteilung zugestellt. Heute ist es eine einundzwanzigstellige Buchstaben-Zahlen-Sonderzeichen-Kombination. Hannes vertippt sich dreimal, dann warnt ihn die Meldung »letzter Versuch«. Er nimmt sich also Zeit und tippt so sorgfältig, dass er den Start des Meetings verpasst.

Auch die Anwesenheitskontrolle ist schon durch. Beim Moderator erscheint offenbar ein Licht, dass Hannes jetzt auf grün ist. Der Chef hat's auch bemerkt und staucht Hannes vor versammelter Menge zusammen: »Now our Chief of Production is here too finally. It was going a long time. However.« Hannes ist stinksauer und beobachtet die anderen auf dem Bildschirm.

Der Kollege in Bratislava scheint sich zu langweilen, bohrt in der Nase und realisiert nicht, dass ihm dabei die ganze Welt zuschaut. Währenddessen fährt der Chef weiter fort: »We have today some to do«. Hannes hört zu, macht pflichtbewusst Notizen – schließlich können alle zuschauen.

Nach dreißig Minuten spürt Hannes, dass er vor der Videokonferenz dringend hätte zur Toilette gehen müssen. Er hat's vergessen. Jetzt müsste er, kann aber nicht. Statt zuzuhören beschäftigt er sich mit der Frage »Wie kann ich kurz raus, ohne dass es jemand bemerkt?«

Er kann sich wieder einmal auf seine genialen Einfälle verlassen: Mit dem Handy macht er ein Selfie, holt ein Klebeband und klebt Handy und Webcam so zusammen, dass letztere den Screen seines iPhone filmt. Er verschwindet ganz schnell aufs stille Örtchen. Währenddessen sieht dank des Handy-Tricks jeder, dass er da ist – wenn auch etwas reglos. Aber das ist immerhin besser als in der Nase zu bohren …

34 Digitalisierung: Da geht noch was!

Die Schlagworte der Zeit sind »Digitalisierung«, »Agiles Management« und »Disruptive Transformation«. Selbstverständlich sind das in Hannes Unternehmen nicht bloß Schlagworte. Als globalisiertes Produktionsunternehmen haben in den vergangenen Monaten diese Themen die Agenda bestimmt. Mit den geeigneten Maßnahmen sind die Themen durchaus gut umgesetzt worden, womit auch die Marktfähigkeit sichergestellt ist.

Nun ist aber heute Vormittag in der aktuellen Sitzung der Geschäftsleitung beschlossen worden, dass im Bereich der Digitalisierung eine neue Dimension der Durchdringung angestrebt wird. Nicht nur die Administration ist automatisiert und die Produktion schon längst auf Industrie 4.0 getrimmt, sondern auch der Alltag soll nun eine neue Transformationsstufe erklimmen. So der Beschluss.

Digitalisierung hält im Alltag Einzug

Bei der konkreten Umsetzung ist einmal mehr Hannes Stärke gefragt. Damit ist er wieder einmal in der glücklichen Lage, in drei Tagen – man lebt ja in agilen Zeiten – die Geschäftsführung von seinen Umsetzungsskizzen zu überzeugen. Wie gewohnt, geht er strukturiert zu Werke. »Internet der Dinge« und die totale Vernetzung gehören jetzt auch dahin, wo sie das Unternehmen im Mikrobereich vorwärtsbringen. Also beginnt Hannes dort, wo sich die Menschen jeden Tag aufhalten: auf der Toilette.

Der Stuhlgang wird vernetzt

Die Sache mit getrennten Kabäuschen für Frauen und Männer ist durch. Es soll auf Unisex umgestellt werden. Gleichzeitig soll aber mit flexiblen Zwischentüren sichergestellt sein, dass sich die Geschlechter nicht in die Quere kommen. Die Steuerung sieht folgenden Prozess vor: Die den Frauen zugeteilten Wasserbecher, die seit einiger Zeit im ganze Unternehmen zum Einsatz kommen, sind leicht schlanker, als diejenigen der Männer. Die Ausgabesteuerung der Wasserbecher stellt fest, wie viele Frauen und wie viele Männer wie viel Wasser trinken. Das ergibt einen Datensatz, der weiß, dass rund dreißig Minuten später dieses Wasser wieder raus muss. Entsprechend steuert das System die Trennungstüren frühzeitig, denn es ist ja bis auf die dritte Stelle hinter dem Komma klar, wie viele Frauen und Männer innerhalb der nächsten dreißig Minuten die Toiletten aufsuchen.

Bis hin zur Küche

Das System der Toilette erkennt wiederum die Konsistenz und Farbe des Hinterlegten. Diese Information wird in Echtzeit an die Steuerungen der Kaffeemaschinen und der Küche in der Betriebskantine übermittelt. Denn sobald aufgrund der Daten klar ist, dass zu wenige Vitamine eingenommen wurden, reagiert die Küche sofort. Es geht sogar so weit, dass die Zutrittskontrolle beim Eingang der Betriebskantine den Badge des Mitarbeiters erkennt. Sofort werden beispielsweise sämtliche Fleisch-Selbstbedingungsboxen geschlossen, sobald er oder sie sich dort bedienen will. Dafür steht der Zugang zum Salatbuffet weit offen. Denn eines ist klar: Diese Informationen dienen ausschließlich dazu, dass die Gesundheit der Mitarbeiter höher und die Ausfallzeiten kleiner werden.

Das sind unverkennbare Vorteile der Digitalisierung. Dass Kaffeemaschinen aufgrund der Vibration der bedienenden Finger spüren, wie stark die Dosierung sein muss, ist nicht neu. Neuerdings kann aber, dank dem »Internet der Dinge«, die Kaffeemaschine direkt mit dem Wasserspender und den Toilettentüren kommunizieren, um die Folgen von Kaffee zu organisieren.

Der Parkplatz wird digital

Im nächsten Schritt vernetzt Hannes die Parkplatzsensoren. Diese stellen fest, welches Fahrzeug mit wie viel Sorgfalt geparkt wird und aufgrund einer berechneten Nervosität wird der PC des Mitarbeiters gestartet, damit dieser sich bereits an einen eingeschalteten Computer setzen kann. Ein laufender Computer hemmt den Mitarbeiter zudem, sich bereits frühzeitig – also eigentlich vor der Arbeit – einen Kaffee zu genehmigen. Holt der Mitarbeiter sich trotzdem einen, gibt die Steuerung wiederum der Getränkeausgabe im Zwischengeschoss den Auftrag, dass beim nächsten Getränk zwingend Vitamin-C-haltiger Orangensaft ausgegeben wird.

Hannes skizziert und überprüft seine Umsetzungsmaßnahmen. Es stellt sich nun noch die Frage, wo all diese Daten gespeichert werden sollen. Amerika war lange im Verruf, ist aber jetzt wieder eine mögliche Alternative. Dank Donald Trump schottet sich das Land weitgehend ab. Sicherer geht nicht und allfällige Sicherheitslücken werden dem Kaffeeautomaten sicherlich frühzeitig von einem russischen Rechner aus gemeldet.

35 Die Zeiten stehen auf agil

Da muss Hannes jetzt durch. Das Unternehmen will – zumindest in der deklarierten Außensicht – den Anschluss nicht verlieren. Gehört hat er ja schon ... von dem Zauberwort AGIL, das tolle Ergebnisse verspricht. Aus dem Geschäftsalltag ist es irgendwie nicht mehr wegzudenken. Agil, agil? Gab es das nicht schon einmal vor vielen Jahren in der IT? Und der eine oder andere Projektleiter in der Firma hat den Begriff wohl auch irgendwann einmal erwähnt. Und jetzt soll es plötzlich als großes Leitbild gelten und sich als Managementmethode etablieren? Agiles Management als Führungsprinzip – ein Riesenthema. Allerdings bezweifelt Hannes, dass es jedem in der Geschäftsleitung schmecken wird.

Versuchsweise

Zuerst wird die HR-Abteilung versuchsweise agil aufgestellt. Der Auftrag lautet wörtlich, dass sich die besagte HR-Abteilung als Pilotprojekt agilisiert. Hannes wird dieses Projekt schließlich auch in der Produktionsabteilung umsetzen und gehört damit zum SBC (Sounding Board Commitee), das der pilotierenden Abteilung rückmelden muss, wie die Agilisierung wirkt. Obwohl die Vorgabe klar ist: Sie müssen es machen. Und der CEO auch schon gesagt hat, wie sie es tun müssen. Da gibt's in der Tat wenig zu sounden, aber Prozess ist Prozess. Man soundet einfach so lange, bis es dem Chef passt.

Nicht, dass sich Hannes unnütz vorkommt, immerhin hat er eine politisch bestätigende Funktion inne. Im Versteckten aber schwappt die Sinnfrage doch ein wenig hoch. Dafür bleibt indessen jetzt keine Zeit. Es gilt, den Prozess zu starten.

Die HR-Abteilung macht zum Auftakt einen Workshop. Unbestrittene Tatsache ist, dass »agil« beweglich heißt. Unerklärlicherweise herrscht die Meinung vor, dass agil gleichzeitig nicht-mehr-durchdenken-sondern-einfach-mal-machen bedeutet.

So funktioniert »agil«

Alles ist perfekt verordnet. Diese Arbeitsweise ist übrigens auch die verinnerlichte Haltung der HR-Leitung. »Gib vor, was die Leute zu tun haben, damit sie wissen, was und wie sie es tun sollen.« Doch wie passt das zur neuen Agilität? Im internen Workshop wird darüber diskutiert: Agil heißt jetzt, nicht mehr alles zu sagen, was man meint, es dann umsetzen zu lassen, um es dann am Schluss trotzdem zu sanktionieren.

Wieder ein anderer meint, dass es gar nicht möglich sei, dass HR agil sein könne. »Ist ja eh alles vorgegeben«. Der nächste wirft in die Runde: »Wir sind ein tolles Team und bereits jetzt total agil«. Die Stichworte landen im Boarding-Protokoll, das Hannes nun sounden muss.

Hannes überlegt, wie der Workshop und die Aussagen auf ihn wirken. Die Glaubwürdigkeitsfrage eines in sich nicht kongruenten Prozesses darf er nicht stellen. Er beschließt also, sich auf die Rückmeldung »wirkt professionell und sprachlich absolut verständlich« zu beschränken. Gleichwohl liest Hannes Literatur zum Thema und beginnt sich die Frage zu stellen, ob wirklich alle alles verstanden haben.

Denn er selbst versteht die Welt nicht mehr. Er beginnt disruptiv zu denken, stellt den ganzen Jetzt-machen-wir-einfach-alles-agil-und-ändern-trotzdem-nichts infrage und ist froh, dass agil grundsätzlich mit beweglich übersetzt wird. Ein agiles Zielbild heißt beispielsweise, dass man sich mal da und mal dort, oder vielleicht doch nicht, einigt, welchen Nutzen der Kunde hat.

Irgendwie lässt ihn »agil« nicht mehr los. Er beginnt, sich selbst zu sounden und verliert völlig den inneren Halt, was nun tatsächlich gilt. Jetzt ist Hannes wohl selbst im agilen Zeitalter angekommen ...

Nachwort

Sie halten das alles für überzeichnet? Klar! Und das soll auch so sein. Schließlich lebt Satire von Übertreibung und Überzeichnung. Ein wenig – zugegeben im Buch ist es manchmal auch etwas mehr – Ironie ist erlaubt. Dabei wollte ich niemanden, einschließlich Sie als Leser, mit scharfem Witz geißeln, keinesfalls jemanden oder etwas der Lächerlichkeit preisgeben. Ganz im Gegenteil: Wenn wir – Hannes und ich – mit unseren Geschichten auch durchaus den einen oder anderen Missstand anprangern, so soll dies immer auf eine Art und Weise geschehen, die jeden in ähnlichen Situationen eher zum Lachen motiviert denn zum Verzweifeln oder gar Resignieren. Sprachlich überspitzt sind die Geschichten. Und ja, sie wurden bewusst zugeschnitten auf die Hauptfigur und den Kapiteln untergeordnet. Aber: Jede Geschichte hat in irgendeiner Chefetage genauso begonnen. Der Kern ist und bleibt gelebte Realität und wird jeden Tag irgendwo auf dieser Welt auch weiterhin so stattfinden. Und wenn Sie als Leser zufällig einmal in eine solche Szene geraten, dann erinnern Sie sich vielleicht an eines von Hannes Erlebnissen in diesem Buch.

Irgendwie lebt Hannes in seiner liebenswerten Seltsamkeit und besonderen Individualität doch ein klein wenig in uns allen. Er steckt in mir, in den Menschen, denen wir täglich auf dem Weg zur Arbeit begegnen, in unseren Kollegen, Chefs und Mitarbeitern. Und weil das so ist, wir uns alle eine Stück weit in ihm wiedererkennen (oder notfalls eben jemanden kennen, der so ist), wurden Teile der Geschichten auch schon im Rahmen von Kolumnen in Fachzeitschriften wie HR-Performance, MQ Management & Qualität oder das büro/office-roxx.de – Der amtliche Büro Blog veröffentlicht. Hannes lebt also auch dort weiter …

ad hoc visualisieren

Malte von Tiesenhausen
ad hoc visualisieren
Denken sichtbar machen
3. Auflage 2018

192 Seiten; Broschur; 24,80 Euro
ISBN 978-3-86980-298-5; Art.-Nr.: 930

Wünschst du dir, deine Ideen verständlicher und auf den Punkt zu vermitteln? Du möchtest beim Arbeiten an Lösungsstrategien die Potenziale aller Teilnehmer voll ausschöpfen? Oder du möchtest bei Vorträgen oder Präsentationen Inhalte so vermitteln, dass deine Zuhörer den Informationsfluten nicht durch geistige Abwesenheit trotzen? Dann ist dieses Buch die Lösung ...

... denn ein Bild sagt mehr als tausend Worte.
Das gilt für die immer komplexer werdende Welt mehr denn je. Wer das Visualisieren beherrscht, findet schnell eine gemeinsame Ebene und einen gemeinsamen Zugang, der nicht durch Worte verdeckt ist.

Du kannst gar nicht zeichnen? Du hast kein Talent? Falsch!
Mit diesem Buch wirst du den Zeichner in dir entdecken. Nutze die Visualisierung, um nachhaltiger zu erklären, und als ganz neue Ressource bei der Ideenentwicklung. Der Cartoonpreisträger und Visualisierungsexperte Malte von Tiesenhausen inspiriert dich in diesem Buch, selbst den Stift in die Hand zu nehmen und ihn nicht wieder loszulassen. In unterhaltsamer und aufgelockerter Art und Weise stellt er Methoden und Techniken vor, wie du selbst die Kraft der Bilder nutzt und deinen Fokus auf die Welt erweiterst.

www.BusinessVillage.de